建筑师的
100 堂必修课

罗松　著

本书是作者根据建筑师的执业经历，倾情演绎的100堂必修课。100堂课，100个故事，100种人生，100次从业路上的挣扎与徘徊。全书共十章，讲述了建筑师在学生时代的初步探索，日常学习经验与方法讨论，建筑师在术业中如何建立自己的前进方向与研究体系，与五花八门的甲方斡旋与推手，全过程设计多专业的协调运转，懵懂逐梦与逆风翻盘，以及建筑师日常必备心理建设等许多行业内只可意会不可言传的起承与转合，破釜沉舟与柳暗花明。

如果你即将成为一名建筑师，这是一本你求学生涯的方向指南；如果你此刻正是一名建筑师，这是一本你取经路上的解惑小辞典；如果你曾经是一名建筑师，这也许是你前半生行走江湖的一一再现。一个项目的顺利落成，那必是九九八十一难，关关难过，关关险。100堂必修课带你领略作为一个建筑师的严肃与浪漫。建筑之路，任重而道远。

图书在版编目（CIP）数据

建筑师的100堂必修课 / 罗松著. —北京：机械工业出版社，2022. 6
ISBN 978-7-111-71154-4

Ⅰ. ①建… Ⅱ. ①罗… Ⅲ. ①建筑师—介绍 Ⅳ. ①TU

中国版本图书馆CIP数据核字（2022）第115092号

机械工业出版社（北京市百万庄大街22号 邮政编码100037）
策划编辑：时 颂 责任编辑：时 颂 何文军
责任校对：薄萌钰 封面设计：鞠 杨
责任印制：常天培
北京机工印刷厂有限公司印刷
2022年9月第1版第1次印刷
148mm × 210mm · 10印张 · 1插页 · 222千字
标准书号：ISBN 978-7-111-71154-4
定价：49.00元

电话服务
客服电话：010-88361066
010-88379833
010-68326294

网络服务
机 工 官 网：www.cmpbook.com
机 工 官 博：weibo.com/cmp1952
金 书 网：www.golden-book.com
机工教育服务网：www.cmpedu.com

不成样子的序

不擅长文字的我，经过了长时间的习惯性拖延，又在出差的高铁上分几次读完了本书书稿之后，第一个感想是开头这句话——我并未向作者求证，但我感觉这本书特别像是“建筑师罗小姐”写的系列博客文章，被分为十个主题，打破写作时间顺序，重新排列组合而成的一本小故事书，在写博客已不再流行的今天，罗小姐仍然令人佩服地坚持日复一日地书写自己的所思所想，虽然已经无法每天一发而是集中一发，这样的写作方式和风格，却特别给人以日常的亲切感，好像作者可以每天在读者们耳边习惯性地絮叨几句，听不听由你。

作者是著名的建筑师写作者，特别擅长描述建筑师平常工作和生活中那些事儿，大情小事，酸甜苦辣，日常得不能再日常，平常得不能再平常，然而一种职业的价值和光彩却在这日常和平常中不知不觉地被焕发出来。本书延续了她以往著作的特点，不过更加强调了建筑师的职业成长的过程和属性，所以叫作“必修课”。同时，也延续了作者“罗小姐式”幽默风趣的语言风格，作者天生具备脱口秀选手都无法比拟的语言能力，亦庄亦谐，谈笑之间，足足100堂必修课就这么上过去了。

我跟作者既是同行也算是同事，所以对本书必修课中所提到的种种人事、场景、感悟甚至上升到理论高度的结论等，百分之九十以上都是感同身受，基本上是“会心一笑”，同时也就没那么有新鲜感——这个职业就是这样嘛。但即使如此，还是有很多意外的触动有感之处，十个章节中几乎每一章都有这样的情况。试举一例：作者把收拾自己的房间和办公桌称作“恢复出厂设置”：“基础的劳动焕发了你身体内更多的多巴胺。情绪与感官传递兴奋与快乐，这一点点的改变，让你放空，你回到了自己本来的样子，恢复了出厂设置。”我是一个经常保持桌面混乱的人，偶尔有空收拾一通的话，看着整洁的桌面的确会有一种久违的惬意之感，但没有想到过这是由“恢复出厂设置”带来的快乐。作者还在《桌案上的诗和远方》里说，“你想简单地了解某个人的话，一个，可以看他的鞋；另一个，可以看他的桌子。”这让我不由得提醒自己，再不拘小节，也要重视自己的鞋子和桌子，否则轻易就被人看穿啦。“恢复出厂设置”是如此重要，以至于作者重复了两堂课来说这件事（分在两个不同的章节，内容说法略有差异），我看的是电子草稿版，不知道是不是作者的疏漏还是有意为之，但看得出来总归是作者想重点强调的事，这既让我看书有所收获，也算是做了次校对审核的工作。

本书中提到了不少跟建筑师相关的人：有总图、结构和机电等专业合作设计的同事，也有跟建筑师相爱相杀的甲方，当然还有书里没提到但关联密切的施工、监理、顾问、厂家乃至政府审批部门等方面，以至于更为广泛的社会大众，他们虽不能说跟建筑师相关，但更不能说无关，因为建筑师所做的有关城市和建筑的所有事情，最终就是要服务于所有人的。我不由得想象这些人读到这本书，一定会有更多的收获和感触乃至更为丰富的表情，对比之下，突然觉得我可能不是最适合为这本书写序的人。在已经被我拖延到交图的前夜，难道还想打退堂鼓吗？我不由得想到自己的身份——一个为别人服务的职业：乙方。那还是职业一点儿，要不然会让罗小姐这个临时甲方看不起，于是乎，硬着头皮交稿。

是为序。

李兴钢

自序

许多年前，我写过一百多个小故事，每个故事一百多字，每个故事一个场景。因为工作的繁忙，我只能这样一百字、一百字地记录我建筑师生活的辛酸、痛楚、坚定与欢乐。很难想象这些碎片式的文字，都是用手机一个字一个字地打出来的。这是我写作的开始，有些写在电梯里，有些写在等待汇报时多功能厅前厅的座椅上，有些写在等待上菜的餐桌上。后来，正是这些文字，让我第一次真正地被人们所熟知，正如2013年年底的那篇弥漫在网络上让大家捶胸顿足前仰后合的《一个女建筑师遇到的101件事》。

再后来，每年的年末，我都会写一个年终总结，我的年终总结，没有什么鸿鹄大志，也没有什么大刀阔斧的痛定思痛，都是一些小事，一些打动我的瞬间，就这样一年又一年，我把这些小事记录一下，有时写到100个，有时不到100个，我喜欢这种碎片式的记录，不假思索，只以记录当时心境为目的的自我剖析，自我救赎。

人们在捧腹、惊诧、怀疑中，发现了世间竟然有我这样一个人，与大家共同经历了许多相似的情节。建筑师的道路千万条，但归途只有一个，都是为了项目落地。我相信，没人愿意一生永远投标的。可但凡纸上的东西，我们想把它立起来，不经历个九九八十一难，这“经”貌似就取得索然无味，我们看到的是一座座房子，我们没看到的是这些个房子背后的那些故事。

我立了杆大旗，这次，我要再写100个故事。由于年龄与阅历甚至水平有限，我是没有资格当老师的，但是每个故事，又仿佛是一堂课，我就是这100堂课的旁听生和亲历者。100个故事，100次反思，100遍被动或主动的洗礼，100场披荆斩棘。

有我，与你同行。

罗松

目　录

不成样子的序

自序

第一章　学海本无涯

第三章　另辟至蹊径

第四章 建海中沉浮

第五章 方法进化论

第六章　痛定可思痛

第七章 治愈本无心

第十章　柳暗遇花明

附录

第一章 学海本无涯

年少时，我们都是怀着期待与忐忑攀爬建筑学这座茫茫大山。也许，当你立于山脚，却发现远处有同龄人的起点已然是半山腰，遂感叹望尘莫及。莫回头，稳扎稳打，一步一个脚印，唯有努力，勇猛精进。

001
报考建筑学专业要做的10条心理建设

选你所爱，爱你所选，踏上征途，风雨兼程。

近来收到好多私信，有焦急的父母，有充满着疑惑的学生。大家的问题基本雷同。

我想报建筑学专业，建筑学专业累吗？

我是女生，适合学建筑吗？

我的孩子超过一本线80分，应该报哪所学校的建筑系？

建筑学毕业后找工作容易吗？听说要经常熬夜加班？

……

为了让广大家长与考生对建筑学专业有一个宏观且清晰的认识，特此撰文，给有意愿报考建筑学专业的同学，一点点必要的心理建设。

1. 报考建筑学专业最好是有一点美术基础的，如果是零基础，也没多大问题，可以趁着暑假报个班加把劲儿。

2. 尽可能选择好的学校，而不是选择好的建筑学专业。（这一点可能很多人有不同意见，但时至今日，我仍旧固执地认为一个好的大学会让你有个不一样的人生轨迹。）再说了，如果在好的学校真正喜欢建筑学专业，你还是有机会转系的呀。

3. 建筑学专业在大学里的整个课程设置，与其他工科专业有着本质的区别，换句话说，你高中时是学霸，建筑学的专业课念下来，你有可能是学渣，很多科目不是通过简单的努力就能有大幅提升的。

4. 读建筑学，身体要好！身体要好！身体要好！（划重点）

5. 不要怀疑女生是否适合学建筑，学建筑的女生多到让你无法想象；毕业班年级排名前 10%，往往都是女生。

6. 学建筑不一定非要熬夜，但建议你偶尔试试看，一夜奋战之后，清晨五点钟的阳光，格外明媚。

7. 建筑学这个专业，同学关系你得格外重视。因为你未来的人生伴侣，极有可能出现在你身边这百十余人当中。

8. 毕业以后，无论是做甲方建筑师还是乙方建筑师，都非常辛苦，都是从零开始，进步没有捷径。

9. 不要看到媒体宣传，觉得建筑师应该是像某某或某某某那样的，你看到的只是在金字塔顶端的那一小撮儿顶流，基层建筑师是一个庞大的群体，大家每天都在为了生计而鞠躬尽瘁，忙碌奔波。

10. 95% 的建筑师，收入都不高，另外 5% 收入高的，我没见过。

综上所述，想轻松毕业，可以屏蔽建筑学专业。

同理，土木工程、给水排水、电气自动化、热能与动力工程、城市规划、环艺等兄弟专业，也都是艰苦卓绝的专业。

最后，向所有奋战在一线的建筑从业人员致敬。

建筑师的必修课：

建筑学是一个非常有趣的专业，五年的大学生涯让你脱胎换骨重获新生。选择它，就要做好心理建设，选你所爱，爱你所选，风雨兼程。

002
很遗憾，建筑不能自学

想成为一名合格的建筑师，需要通过正规的建筑学教育。

收到读者来信，询问建筑学能否自学？有什么相应的自学书籍可以推荐吗？

我倒吸了一口凉气，遂想到自己及身边同仁，五至十年科班读下来，才开始经历战场真枪实弹操练，仍觉得自己内力不足，于是拜了师父；再磨五年，好不容易弄出点儿门道，但大多数时候也只能在大项目中打打下手；好不容易熬到了毕业十年，这才开始挺进项目负责人之路。接下来要怎么干，还要看天时、地利、人和还有眼观六路、耳听八方、机缘造化以及自身不懈的努力。里外里，二十年过去了，可能依旧一事无成。

自学？

怎么自学？

我实在是想不出。

建筑师需要五年以上“象牙塔”的锻造，以及至少十年的实际工程锤打，方能勉强出师，独当一面。

学习建筑，既需要系统化地在校钻研，也需要毕业后在万般机缘下，拜师学艺。“科班 + 恩师”，这两个要素，缺一不可。这是前半生与后半生的关系。前半生，需要正规的建筑学专业高校土壤，它可以助你更顺利敲开建筑的大门；后半生，一个“知遇之恩”的师长，带你真正行走江湖、翻山越岭、跳坎避坑。

其实，世间行当千千万，大多数都是不能自学的。就连《倚天屠龙记》里的赵敏郡主想要习得中原武功绝学，不是也要将六大门派的高手抓了起来，关到万安寺中逼他们就范吗？可见，自学，郡主都觉得不靠谱。得名师真传，才有机会通晓皮毛。

可能有人跳出来抨击：你倒是说说看，那安藤忠雄怎么自学成才的？好吧，等我先在拳击场上打下来个金腰带，再来一起讨论一下安藤叔叔的拳王逆袭之路。

建筑师的必修课：

1. 建筑师是一个职业，它不是爱好，想成为一名合格的建筑师，需要通过正规的建筑学教育。
2. 从业后，找个好师父，努力学到师父的本领，通过不懈努力争取青出于蓝。

003
建筑学的“世袭制”

起跑线确实存在非技术上的差异。

一个朋友的小孩，收到了建筑学全球排名前三名校的召唤。大家纷纷送上祝福，这位含辛茹苦的老父亲在某家设计院负责经营工作，他曾经也是一名建筑师，虽然离开设计一线很长时间了，但由于功力深厚，终日被广大建筑师们簇拥围观。

他曾信誓旦旦地说：我的女儿，读什么都行，别再读建筑了，你看，老爸都熬秃了头，况且咱是个男的，我的女儿要是再秃了，这可如何是好？人算不如天算，他女儿，如今也朝着这个“秃如其来”的专业大踏步前进去了，不知道全球排名前三名校的建筑学专业会不会“秃”得与众不同一些。

有一个同事，也有过如此“惊悚”的遭遇。自己在公司没改完的方案，拿着红环针管笔、单卷草图纸回家，洗个澡的工夫，扭头发现，他正读一年级的女儿坐在餐桌上，把草图纸蒙在平面图上，开始描轴网画尺寸。吓得他赶紧一手抢了过来，心中默念：造孽啊。为了让自己的女儿不走自己的老路，他已经很刻意地去回避“言传”，可夜以继日的“身教”却出卖了他。

我们这一代人，嘴里一边念叨着：我这辈子就这样了，可千万别让孩子也搞这个。可一批又一批的“建二代”如雨后春笋般成长得此起彼伏。父母的职业，真的能在很大程度上影响孩子的人生轨迹吗？

有个结构男，在业务上兢兢业业，特别虔诚，当了大半辈子结构男，天天下工地。自己的儿子要高考了，想报考结构专业。结构男说：加油！去实现爸爸的理想，爸爸当时惜败同济大学土木工程专业，二十多年了，一雪前耻的时刻到了！

结构男的儿子真的争气，最后真的成事儿了，并语重心长地对爸爸说，这不只是你的理想，这也是我的理想。结构男甚感欣慰，觉得这么多年的工地没白跑，为教育下一代，指明他的人生方向，下工地下出了精神高度。

常有一些高中生，以及高中生的家长，询问“是否适合选择建筑学专业”这类问题，我很忐忑，非“建二代”家庭可以参考以下措施进行辨别：

1. 带他去村里看房子，他是否乐不思蜀，吃得了苦，睡得了窑洞。
（不爱下乡的建筑师，不是好建筑师）

2. 带他去学画画，他能否坐上六个小时，板凳坐得锃亮不爱动。

（这条检验坐功，建筑师必练之功）

3. 带他去一处陌生的空间，他回家后能否默画空间布局甚至陈设摆位。

（这条检验对空间认识的敏感度）

以上三条做到了，可以证明娃有了成为准建筑师的先天资质，他最起码是热爱建筑学的。水平有限可以培养，天赋有限，可以差异化发展，这些后天都有办法。

建筑师的必修课：

大学开学之后，要做好一个班里有半个班的同学都是“建二代”的准备，起跑线确实存在非技术上的差异；没办法，建筑师这一行，“世袭制”普及得特别好，拦都拦不住……

004
关于深造的探讨

趁着年轻，去继续深造吧！

2020年年初的时候，考研成绩放榜，一个姑娘私信我，她放弃保研的机会，加入考研大军，为了目标院校全力冲刺，结果，考研失利，现在面临调剂，但极有可能调剂到一个还不如自己本科的学校。她面临抉择：是找工作？还是调剂？或者“二战”？

遇到这个话题，我其实积攒了千言万语无法释放，但又怕仅仅因个人的寥寥经历，给了她错误的建议，让她抱憾终生。只给她回了几个字：除非有特别好的工作机遇，否则，念书吧。

什么算特别好的工作机遇呢？比如,你的家庭状况需要你马上赚钱养家，那么，大型房企，就是你特别好的工作机遇。不可否认，时至今日，地产公司给予新毕业生的薪水就是会相对高一些。又比如，你对建筑设计的钻研志存高远，又有机会加入非常好的设计集团或知名建筑事务所，且做的都是你一直向往的项目，那么，去工作。

但是，彼时正值本专业很难有好的工作机遇，我们整个校友群都在号召各位校友的企业多吸纳一些自己学校的应届毕业生，可见学校招生办也真是上天入地没了办法。那么，趁着这个机会，去深造自己，不失为一个好的选择。

那么，一个新的问题又来了，调剂，或者“二战”。

在工作中，我几次遇到过“二战”或者“三战”失利的求职者，有时看到他们的状况不是很好，有的甚至因为长期伏案，造成腰椎间盘突出。求职时，战战兢兢问，有没有不需要久坐的岗位？（姑娘，即使是工地代表，也是要坐很久的呀！）我看在眼里，是心疼的。当然，成功者也有，有一位同事，三战清华，最后荷塘月色真的为他精诚所至金石为开了。

但是，我想说，如果拥有出色的身体素质，以及再来一年的决心，同时身边没有那些让你反胃的“风言风语”的话，那么兄弟，为了梦想，再搏一年，真的可以。如果，身心已疲惫不堪，调剂试一试，万一有奇迹呢？每年也有擦线调剂到985的，并且不是个案。

故事的结局是这样的，放弃保研的女生，最后申请调剂到了本校，导师也是相熟的老师，虽说折腾了一圈又回来了，殊途同归，有遗憾但也算是乘风破浪之后的小小惊喜。

在这里必须要提及一个不得不承认的、令人难过的、已成事实的现状：地产公司在高校"掐尖儿"已是常态。好的地产公司，甚至以双985（本硕985）的应届毕业生为招聘门槛。建筑学最好的毕业生，是最好的毕业生呀，在就业时，却争先恐后地去了一个个地产公司……

建筑师的必修课：

趁着年轻，去继续深造吧，等炼成一身本领，有大把的实践机会，在等着你。

005
所谓蜀道难

转行做建筑师，找一个好的伯乐才是正经事。

一个做造价的女生跟我表达了她多年以来积存于心底的职业理想，她毕业后做了七年造价，但心内深处一直燃烧着想成为一名建筑师的小火苗。她想知道，她年近三十，是否还有可能逆风翻盘。

为此，好事者如我，特意跑去问了一位当研究生导师的朋友，问她：你有没有招过跨专业的研究生？她告诉我，从前有过。但后来，效果都不太好，近些年就没招了。

我又跑去问了一个业内小有名气的建筑设计事务所合伙人，问他：你有没有招过非科班出身的建筑师？他告诉我，有，但做的都是商务或者新媒体的工作。做设计，如非必要，是绝对不会逾越非科班这条红线的。他这句“如非必要”，意味深长，懂！

其实这个问题在我的心里，早有答案。只是想多方求证一下，以免被自己多年来的职业惯性所误导。在我的建筑师生涯中，遇到过以下情形的跨专业从业者。

1. 一个中文系的女生，毕业后非要当建筑师，一个颇具爱心的老大收留了她，建筑师是当了几年，但跟她想象中不太一样，她现在在公司里做商务工作。
2. 一个土木工程系的男生，毕业后阴差阳错成为建筑师，他充分发挥了纯种理工男的特长，在 BIM 领域异军突起，找到了自己新的定位。
3. 一个做了十年效果图的男生，自愿两年零薪水“跨界”转行当建筑师，得某慧眼老板赏识后，现在成为该中小型设计公司施工图方向的中流砥柱。

三个不同的人，三种不同的经历，不能说转行成功与否，这三个人的共同点：首先你得有一个带你入行的伯乐。这个伯乐，可以是一个不大不小设计公司的老板，也可以是一个可爱的导师。伯乐，他是你转行做建筑师的一个至关重要的“贵人”。这么说，好像比较功利，但如果没有这个人出现的话，你一直用脑补来想象自己成为建筑师的样子，是无济于事的。

但，伯乐在哪里？伯乐不在小朋友的眼睛里，伯乐需要你对现有生活、工作有壮士断腕的决心以及旷世难得的机遇。壮士断腕是有一定风险的，不是谁都可以“嫁接”成功。这需要你对自己的生存现状有一个客观且相对正确的判断。

我们时常仰慕各种媒体上那些风光无限的建筑师，其实他们只是金字塔顶端的那一小撮儿，而那些在塔基上的“群众演员”，才是我们建筑设计行业的大多数。

如果你还是一意孤行要转行当建筑师，那么祝福你，记住那句话：干就完了！

还记得《射雕英雄传》出现的士兵甲吗？他就是后来亿万票房的“星爷”！

只是，想当“星爷”，得先来到士兵甲的世界！

建筑师的必修课：

1. 找一个好的伯乐，带你入行。
2. 建筑界虽不同于曲艺界，但千百年来师傅带徒弟的学习方式还是根深蒂固的。有人带着你闯荡江湖，总比单枪匹马当韭菜得好。受苦、白眼，工作三十年了还有可能被人拿着非科班出身说事儿。
3. 但是还是要充满信心：结构男转行建筑师的成功案例不少，建筑师想跨界去搞结构，想都别想。

006
陌生建筑的破局之计

建筑师需要实地调研，有条件去看，没有条件，创造条件也要去看。

早在十几年前，网络资源还不是那么发达的时候，年轻的建筑师如果遇到一个从来没有设计过的建筑类型，通常有以下研究途径：

1. 找到相关书籍（建筑书大多非常昂贵）。
2. 像查字典一样查“天书”（我们亲切地将《建筑设计资料集》称为天书）。
3. 现场调研已经建成的同类建筑。

对于买建筑书这件事，每一个中年建筑师都很有发言权，因为早年间，建筑书商游走于各大高校以及设计院之间，先不说是正版盗版，总之“贵”是硬道理。买得起红环笔，却不见得买得起昂贵的建筑书。而建筑书中涉及实际工程的，又是少之又少。所以，用书来解决实际问题，有种“心急吃不到热豆腐”的感觉。

《建筑设计资料集》之所以被称为“天书”，一是因为它又厚又重，二是因为它是市面上可见最包罗万象的建筑设计资料。因为版本更替缓慢，许多建筑类型的解说已经严重过时，幸好近年来终于等到第三版的问世，让广大建筑师奔走相告。“天书”有“天书”的优势，同时也有弱势，所有的东西都是由图形与文字诠释而成，有时难免不够直观。

所以下现场就成了最便捷、高效的学习方式。回顾上学时的几次经典“战役”，确实有一丝生猛，但是好在使命必达，做设计，大家要一起乘风破浪。

大学四年级有两个公建大设计作业，其中一个是游泳馆。我和同学们不要说设计游泳馆，就连会游泳的都屈指可数。当时在京高校范围内，最新建成的游泳馆便是某知名大学的游泳馆。确定目标之后，大家一起行动。先打 114，查到了该大学的总机，然后通过总机查到了游泳馆的电话，总机很给力，直接给的是游泳馆副馆长的办公室电话。在同学们说明来意之后，副馆长做了一个英明神武的决定：约好时间，带着同学们参观，并亲自下场做导游。

话说参观游泳馆的时候，有一个“难忘”的细节：地下室设备用房有一处透明观测视窗与泳池侧壁相连，于是，我就这样呆呆地戳在那儿望着泳池里各色泳衣缥缈舞动，嘿嘿一笑，心想，游泳池设计里竟然还有这种“彩蛋”？若干秒过后，我被同学强行拽走。

感谢该大学当时游泳馆的副馆长为我们带来的精彩讲解，这让我和同学们更直观地领略到体育建筑游泳馆中的各种流线以及各功能之间的关系。当然，自那以后，我和同学们在建筑调研这件事上如脱缰野马，一发不可收拾：设计不明白的，就去现场看；想不明白的，还是去现场看。

这习惯，延续至今。

现在网络发达了，绝大多数的建筑都可以在网上找到案例分析。但所有的图纸或者文本，都不能替代现场亲身体验的直观与震撼。

建筑师的必修课：

对于建筑师来说，学无止境。我们总能遇到不曾做过的建筑类型，常做住宅的可能没做过医院，做商场的可能很少接触酒店……每当遇到“陌生建筑”的时候，最好的“破局之计”就是针对相关类型进行实地调研，有条件去看，没有条件，创造条件也要去看。没吃过猪肉，但总要先见见猪跑。

007
当年的茶室

闭门造车不可取，勇敢地走出去，行万里路，才能更好地做设计。

大学一年级时的第一个大设计作业命题为“茶室”。拿到任务书的那一刻，我就怔住了。首先，在从小生活的环境里，我并没有见过茶室这种功能空间。孤陋寡闻的我对茶文化的全部理解，来自于高中物理老师，他花白的头发，标志性的烟嗓以及永远随身携带的巨大透明水壶，装上满满一壶浓茶，然后，一讲就是一天。

为什么喝茶还要茶室？这种空间存在的意义是什么？这个茶室到底是干什么的？什么样的人才需要茶室？不要取笑我为什么如此粗鄙，不懂茶文化之万一，不同的成长环境，不同的地域习惯，有了不同的童年。当然，南方的同学对于题目的接受度会强一些，如果没见过茶室，茶馆总见过的！

任务书要求的建筑面积是 120 平方米的空间，场地自选。现在想来，这个作业题目出得真好，可以让一个刚入门的建筑系学生自由发挥空间与场地的想象力。我就在这样的情形下，“捏造”出了一个我理想中的茶室。

如今想来，一个没有去过园林，甚至根本不喝茶的人，还谈什么茶室设计呢？即便翻阅参考书籍也是感悟不到万一的。做设计，需要与之相匹配的人生经历与体验。正所谓：吃猪肉见猪跑。

上大学那会儿，我只到过四大园林中的颐和园。春风化雨时去过，烈日炎炎时去过，冰河初冻时也去过，没办法，恋爱谈得满，天天逛公园，一年四季不空窗。但皇家园林庞大的体量，实在难以支撑我对 120 平方米茶室意境的体悟与畅想。

直到三十三岁那年，我才第一次走进江南园林。经李兴钢老师的指引，我在寄畅园的茶室里坐足了整个下午。眼前，大雨滂沱。我十分感激经营茶室的大爷让我一会儿把椅子移到廊桥之上，一会儿挪至涵碧亭之旁，后来干脆让我暖瓶傍身，在锦汇漪的一侧坐下来观雨。望着人们撑着各色雨伞从七星桥上排队走过，雨点砸落池水之中泛起阵阵涟漪，“锦汇漪”之名，无解自通，那场景终生难忘。

我第一次明白，原来茶室，可以是一个流动的空间，可以在晴雨交替时，给予人们不同的联想与感悟，它不仅仅是区区 120 平方米的功能性空间。我慢慢从沙里文的那句著名的“形式追随功能”中走了出来，站到了路易斯·康的“形式唤起功能”那一边去。

顿悟，迟来了十余年，让我在江南的豪雨中欣喜不已。多年的困惑在不经意间，渐渐有了答案。

后来，我又到过日本的许多茶室，坐在枯山水的面前，思考茶室的精神空间。但没有一处，如雨中寄畅园那般打动我心：两株斜压于水面的古树，压得很低，驰骋纵横；远处先月榭的戏台，亭立一端遥相呼应；更远处借景的惠山宝塔，让空间距离拉得更远……120平方米的茶室，足以“落满山黄花，朝露映彩衣”。

当年的茶室，是一次有趣的对未来的暗示。设计上的事儿，不懂没关系，等待时机，也许在某一天，会恍然揭开谜底。

建筑师的必修课：

闭门造车不可取，勇敢地走出去。无论你来自城市或是乡村，每个人的人生经历不同，对设计的理解也不同。在我们有限的生命里，去做更多的体验，体验建筑，体验空间，行万里路，感受远方的生活习惯风土人情，做建筑师，需要感受不一样的人生。

008
恍然有大悟

经典一定有其经典之处，有时候需要时间、阅历和契机才能慢慢体悟出来。

人有的时候，难免后知后觉。

“住吉的长屋”是我大学一年级时的建筑模型作业，老师要求每一个学生用卡扳手切模型，把整个建筑空间以及外部基本环境表达出来。当时不是十分理解，实在想不通住吉的长屋到底经典在哪里，只记得切模型切得汗流浃背筋疲力尽，有好几位同学还因为手术刀的锋利以及模型技术的“初来乍到”，挂了些小彩。

十几年后的一个冬日，在京都旅行的我订了三天的民宿，民宿只有一个开间，是日本传统的町屋，两侧外墙也与邻居的町屋紧密相连。我心中一惊，这不就是现实版的“住吉的长屋”吗？也是基地面宽极窄，也是进深狭长，十分逼仄。

麻雀虽小，五脏却俱全：一层，从两平方米不到的小院子进来，步入玄关，有开敞式的厨房、卫生间还有一个小起居厅；二层，通过狭窄的楼梯而上，有两间相对的卧室。真正居住其中的那一刻才明白，安藤忠雄住吉的长屋对于日本传统住宅具有划时代的意义，它既是町屋又不仅仅是町屋，它将封闭的长方体划分成了“三段式”，利用中庭来连接四周空间。这是町屋的 2.0 版呀！

看建筑，几乎每个建筑师都会关注不同的东西，有的看空间，有的看外饰，有的看楼梯扶手和散水……这跟他正在做的项目有关。比如，我怎么也想不到，在东京表参道“PRADA”，我会去沉溺于它室外场地巧妙的找坡和精致的水篦子，因为那一段时间，我正在主攻总图设计。当然现在，我在走进一栋建筑时，会有意地跳出建筑师的身份，更加关注作为一个使用者，真正需要的是什么。

话说到建筑师做设计时重视体验，真的是身体力行的：我从前设计酒店式公寓辉盛阁，就真的自己花钱跑去住在辉盛阁几晚；一个建筑师设计滑雪场，就真的跑去学单板了；最近一个朋友说，他在设计一个拥有十米跳台的跳水馆，真为他 180 斤的体格表示担忧……

建筑师的必修课：

1. 经典一定有其经典之处，有的时候需要时间、阅历和契机才能慢慢体悟出来。
2. 实践的同时，亲身的体验尤为重要，画图画不下去的时候，就去看看建筑，柳暗花明也许在不经意间随之而来。

009
动手才能做设计

在着手设计一座建筑之前，首先成为它真正的使用者。

从前在做住宅设计的时候，我会对当地优质户型进行撒网式调研。当然，现在的开发商是有专门的部门来对周边楼盘进行竞品追踪的，以便在新拿地的时候研发出异于常人、出其不意的王牌户型。

在户型调研过程中，时不时会看到客厅、个别卧室朝北，卫生间、厨房却朝南的户型。然后，我便煞有介事奔走相告，呜呼！厨房朝南？这种户型怎么能卖得出去？实际上人家确实卖得很好……

我一直不太会做饭，会的，也仅限于熟练操作鸡蛋的几种做法：煎荷包蛋、炒鸡蛋、煮鸡蛋，就连稍微有技术含量的西红柿炒鸡蛋，都无从下手。因为鸡蛋易熟，易上手，成了深夜拯救我饥饿的粮草。后来有一天，朋友送了我一瓶“秃黄油”，我拿在手里呆若木鸡，不知道该怎么用，朋友告诉我，这个拌饭、拌面条都是非常好的。我一直晓得上海男人热爱做饭并精通厨艺，于是很信他的话。

2020 年年初，由于疫情隔离在家独生女子们不得不自力更生，纷纷奔向厨房。于是，作为包子控小姐的我，竟然解锁了一项重要的生存技能：挥刀做饭！我在手机里下载了一个做饭的软件，叫上新鲜的蔬菜、水果、红肉白肉，开始了长达四个月在厨房里的奋战时光。

经过我多次实践，做米饭时，水米比控制在 1.5 ∶ 1 时最佳（如果你和我一样爱吃偏软 +“Q 弹型”米饭）。煮粥时，水米比控制在 8 ∶ 1 时最佳（如果你和我一样爱吃不太稀的且颗粒可见的黏稠粥）。

直到自己做饭才真正知晓，做一顿饭，从备菜到最后刷碗，至少要在厨房里站满一到两个小时，倘若再做些复杂的菜式，熬上三个小时的情况也是有过的。冬日里，阴冷，冻人，方才明白，一个朝南的厨房简直就是精神上的帕提农神庙，那一点点的冬日暖阳，足够照亮每一个奋战在厨房里孤独的灵魂。至此，我再也不揶揄厨房朝南的户型了，这才是广袤大地上女主人以及四川男人真正需要的住宅功能性空间。

设身处地的体验与经历，是建筑师在设计中解决棘手问题的法宝。读书、纸上谈兵，都不足以让自己的感受如此真切。顽固的思想，在脑海中占据了几十年，我们以为的空间应该就是那样的，但对于实际使用者来说，并不是。一个不会做饭的建筑师，是不能成为一个优秀的住宅建筑师的。

曾经有某个室内设计师告诉我，厨房的台面最好设计为高低台，灶台低一些，洗菜区高一些，说是为了缓解做饭者的腰部压力，从前我当然是一听而过，而今时今日我点头如捣蒜，他一定亲自下过厨的。

但我还有一个设计中的疑问没有解决，厨房，如何能解决因长久站立而产生的疲惫感呢？能坐着做饭吗？站三个小时真的好累。这个问题可能只有空气炸锅才能解决吧。

建筑师的必修课：

在着手设计一个建筑之前，首先成为它真正的使用者，住宅、商业、酒店、医院、学校……深入其中，身体力行地挥汗如雨，有时比你冥思苦想的解决方案更有成效。

010
我们看建筑到底在看什么

攻略攻略，不是做完就结束了，有召唤需有回应，有始要有终。

对于一线建筑师来说，旅行是一件非常奢侈的事。这个“奢侈”有两个层面，一是时间上的奢侈，二是经济上的奢侈。

“时间上的奢侈”大家都懂，建筑师实在太忙了，忙到什么程度？我工作的前十年，基本上是没有假期的，大年三十都在画图，大年初五甲方给我拜年，顺便追图。

我们班的一名男生和一名女生，结婚去德国度蜜月，俩人一直加班忙到上飞机，打印了厚厚的一沓 A4 纸，在机场接头儿后，在飞机上做攻略，时间紧迫到要是这十个小时搞不清楚德国是怎么回事，下了飞机就要流落街头了。

至于“经济上的奢侈”，我曾经粗略地算了一下，一次为期 10 天的欧洲建筑之旅，经济一点儿来计算，也要花费 2 万 ~3 万人民币。其实建筑之旅，不一定非要出境，每个人的情况不一样，量力而行。天高路远，来日方长，我们可以一座一座城，慢慢地走。

但即便这样困难重重，也阻挡不了我们去看世界的脚步。不可否认地说，旅行确实可以在一个人成年之后微调其世界观、人生观和价值观的。身处世间繁华，看遍人间疾苦，你会重新认识自己，虽为沧海一粟，力不从心，但改变世界依旧任重道远啊。

建筑师的旅行，往往与度假无关，而是一次又一次的建筑之旅。那么，我们看建筑到底要看些什么呢？

说个白话版的看房子三要素：条儿正不正！盘儿亮不亮！跟照片上长得一不一样！

上学的时候，真的没敢想，自己能见到中外建筑史书中那么多的建筑，当我真正走到它们面前的时候，总是热泪盈眶。可能本人是兼具神经大条以及情绪敏感的复合体，一看到建筑史中特别重要的房子，就容易哭。

细数一下我哭过的地方哦：卫城哭、与谁同坐轩哭、圣母百花大教堂哭，就连盖里叔叔的法国电影资料馆，也在门口的长椅上痛哭了一场，十分羞愧。

每次见到心动的房子，通常都离开不了这几点：体量震撼，材质比想象中意外，再有就是与周边的环境有很大关系。以无锡寄畅园为例，雨中的寄畅园与艳阳高照时就截然不同。原本我是比较忽略环境与场地对建筑本身的影响的，但多次心动之后，发现环境都是决定性因素。就像，同样是人与人，若相逢于危难之时，关系就不一样了。

建筑师的必修课：

每次看建筑之前，都要做完整的攻略，我通常会拉一张像旅行团一样的“Excel大表格”出来，在旅行之后，我会把旅途中亲自“踏勘”过的建筑们大大小小的细节看点，记录在后面作为反馈，完善建筑攻略，这一步非常重要。攻略攻略，不是做完就结束了，而是有召唤，便有回应，有始，便应有终。

第二章　术业有专攻

世间事，三分天注定，七分靠打拼。

011
实质性的技术

建筑师每日需要应对的都是扎扎实实的痛点与难题，专业素质自此落地生根。

小彪同学在下工地的时候走进了设备用房，拍下了设备专业布置的红蓝管道“八卦阵”，密密麻麻错综复杂，宛如大型人体动静脉实体模型；一排排高大威猛的配电箱，压抑感喷薄而出，视觉的冲击力犹如科幻大片。于是感叹：设备工程师们的工作才是真正闪耀着科技的光辉。

我不禁陷入了沉思，我们煞有介事地学了这么多年建筑学，在学校里学，工作以后，又在实践中学，几乎没有一天停止过输入与学习，但还是不如设备工程师的巨型管线综合成果具有杀伤力。我对小彪说，你怎么没多拍拍设备的“龙头”专业？所谓设备“龙头”，暖通专业当之无愧，他们的风管才是最让人望而生畏且真占地方的“巨无霸”。

常会听到有人争论，建筑学是艺术还是技术，这样无谓辩论的结果最终大多惨淡收场，艺术派觉得建筑不够浪漫，技术派觉得建筑太不切实际，他们都不要建筑。建筑成了孤儿，孤芳自赏的问题儿童。

而每当看到结构师们郑重其事按计算器的样子，又觉得他们无比性感，每一张配筋图都闪耀着六块腹肌的光芒。于是又转道认为，结构专业才是土建工程中最有技术含量的专业，手握一个计算器，用低沉而有磁性的声音，铿锵有力地拒绝你：这个出挑太大，搞不出来。

那建筑学到底有没有实质性的技术存在呢？

当然有！但建筑学的技术，常常不能简单地用独立一门学科的范畴所解释，而是需要多种学科交叉实现的。当建筑学与多种学科产生交集时，才能最大限度地发挥其魅力。

比如，建筑学与城市规划的交集，与装置艺术的交集。又比如，建筑学与电影的交集：场景的布置，镜头的切换与剪辑，处处洋溢着建筑学给电影带来的不可替代的空间体验。演员、道具、布景在建筑这个容器里，形成了包容与互动式的辗转。建筑与灯光、影像一样，在此以技术的形式，呈现在了一帧帧电影画面中。

想着想着，我开始对着显示器傻笑。结构男看我呆若木鸡想入非非的样子，拍了拍我，把我拽回了现实，说道："施工现场刚打电话过来，维护桩已经打完了，你这个地下室，不能再改了。"

梦醒了。

也许，这就是马上要解决的建筑学的实质性技术问题。天马行空与鸡毛蒜皮，正如百炼钢与绕指柔，只是一念之间而已。

建筑师的必修课:

建筑设计不是虚无缥缈的天马行空，建筑师每日需要应对的都是扎扎实实的待解难题，专业素质就在这些零零碎碎的“按倒了葫芦起了瓢”中落地生根，螺蛳壳里做道场，在忍耐中修炼前行，实质性的技术，便从这里应运而生了。

012
不可替代的你

在项目组中，如何能做到不被取代？

端午，看佛山南海叠滘人民赛龙舟，弯道漂移，惊心动魄。隐约间发现，鼓手在中间（C位），他与船头前三个人和船尾后三个人相当于舵手，必须是经验老到的，船翻不翻，如何行驶，靠这七个人；中间的壮丁负责速度。这龙舟不只是龙舟，更像一个工作中全速前进的团队，而这七个人，就是团队的核心，是不可替代的。老广们可真会玩。

不可替代这件事，武林中传说已久。

在《倚天屠龙记》中，张无忌那唯唯诺诺优柔寡断的调性，是万万不适合当明教教主的。他连自己和那几个姑娘的恩怨都摆弄不明白，怎么能号令手下那些不好惹的主呢？

无忌哥哥当上教主，其中一个深层原因，即是他的武功。想当年，明教教主还是阳顶天的时候，就是因为其武功高强，让明教威震天下。无忌走的路也如出一辙，不仅练成了九阳神功，连“乾坤大挪移”也学至六层。在明教危难之际，六大门派围攻光明顶，无忌力挽狂澜，至此，在武功上，从道义上，都救明教于水火，不可替代。教主之位，舍他其谁！

可见，武功，成了一个人成事的砝码。

对于建筑师来说，武功，即是“活儿”好不好。我们总是在工作中遇到这种情况：这个项目，就他有经验，就他能做；那个节能，只有他能算得过；结构想抽柱，必须得找张工出马，设备用房想压小一点儿，暖通必须刘工亲自上才行呀……这些，都是工作中的不可替代性。

何谓不可替代性？一项工作，方圆千尺办公区，只有你，且唯有你能胜任，那你，就是不可替代的人。把一项看似不可能完成的任务圆满收官，把一件看似简单的小事做到精益求精，这些都是需要功力的。

功力养成的前提是态度。不做得过且过的事，不当得过且过的人。需要用时光与汗水，练成自己的九阳神功，成为一枚不可替代的乙方。此刻可以脑补一下，甲方抱着我的大腿，拖地大哭，求求你，不要离开我。（醒醒）

当然，张教主成为男一号还有另一重原因，除了天下无双的武功在手，人家姥爷是天鹰教的殷天正，义父是金毛狮王谢逊，爸爸是武当七侠，未婚妻是峨眉派掌门……正邪尽染，黑白通吃。他不只不可替代，如此复杂庞大的“关系”，就算不成为明教教主，也够他行走江湖当个“平平无奇”的侠客了。

建筑师的必修课：

在项目组中，你如何能做到不被取代？你有什么专项特长？你在设计中最擅长的领域是什么？找到它，并无限放大它。这些不同点，恰恰是你最珍贵的东西。

013
地库专业户

任何人都可以在自己的建筑人生中找到合适的定位。

坊间曾经有这样一个传说：如果你一直在一线画图，又没当上部门领导，且没有什么方案能力的话，你很大程度上会沦为地库专业户。今天故事的主人公，年近五十，一直奋战在CAD一线，他就是一位久经考验的地库专业户——F工。

F工的办公桌上：一摞常用的白皮建筑规范+两摞常用蓝皮建筑图集。划重点：这些图集中的绝大多数，都是他自己买的，因为他需要标注。这些图集上的每一页，都用各色荧光笔涂抹，并且，许多节点大样的旁边，又用了多色中性笔进行批注。放眼望去，群魔乱舞密密麻麻。用他的话来说，图集如老婆，是不能借阅或者共享的，只有真正属于自己，才落袋为安。

F工在施工图领域是一个十分钻研的人。出身不算科班，半路出家，却也辛辛苦苦勤勤恳恳画了二十多年施工图。每当年轻人向他请教施工图的问题，他常常会放下手中的工作，一页页翻看规范，与年轻人一起探讨具体解决问题的方法。注意，是“探讨”而不是直接指点，他说，规范这种事，虽然有条文说明，又有国标图示，但其实每个人的理解都不一样，还是大家一起探讨比较慎重。

F工是一个“与时俱进”的人。但凡有新规范、新图集的宣讲，他总会积极报名，每次还都到得特别早，帮审图公司的审图奶奶们占座，搞得各大审图公司的审图奶奶们都喜欢他，在审图界非常有奶奶缘。许多新规范、当地新条例的宣讲是针对审图人员的，他通过多年的施工图人脉积攒了不少小道消息，正因如此，他总是能掌握第一手资料。

因为他的设计工作常年是画地下室，所以和暖通专业打得火热。多年的施工图切磋，让他成为在专业配合上十分固执的人，是一位立场坚定久经考验的老战士。但是最近听说，老战士的感情生活不太顺利，中年突遇婚变，看着他郁郁寡欢又落寞的样子，竟然萌生给他介绍对象的想法。情场失意，“赌场”却得意，最近几个他画的地库总是能一次性通过审查。

其实，一个人对建筑的热爱表现有很多种。有的人喜欢虚张声势，比如我。又有的人，勤勤恳恳把这份爱，融入日日夜夜的一笔笔设计线条里，比如F工。他用实际行动，把地库画得生龙活虎。

建筑师的必修课：

一个不会画地下室的建筑师，是建筑生涯不完整的建筑师。挑战施工图设计的顶级难度区域——人防地下室，你真的值得拥有。

014
等一颗石头开出花来

这是一个一条道跑到黑的故事。

工作中，常会遇到四种人：

聪明，且努力的人；
聪明，但不努力的人；
不聪明，却努力的人；
不聪明，也不努力的人。

话说这四种人群的占比，第一种以及第四种较为少见。也就是说，同时具备聪明的秉性，又坚忍不拔努力的人，以及天资一般又不思进取的人，都不太多。我们中的大多数，都隶属于中间两拨人的范畴。

我有一个师弟，他毕业之后，直接进入了业内享有盛誉的设计公司任职。当时他的同学都很意外，因为这家公司只招“老四校”，并且，他所在的部门几乎都是“老四校”其中同一所院校的研究生，而且是万里挑一的研究生。这位名不见经传的师弟，何德何能得以“上岸”呢？

很多很多年之后，我和他坐在一家西餐厅吃饭，我十分八卦地问起这件事，他是如何顽强地在这个顶级部门生存了下来，并且如何做到资历已排到该部门第三把交椅的位置呢？他十分真诚地告诉我：我知道自己做方案不行，跟那些顶级名校出来的高材生是没法比的，所以只能踏踏实实画施工图啦。

他是非常谦虚的，大学一毕业就确定了在这个顶级部门的实践方向，他深知自己的创作能力有限，便凭借着一股子钻研劲儿，投入到了施工图的设计工作中，一积累，就是十年。别人不爱干的活，他去干；别人不爱画的图，他去画；别人不爱出的差，他去出。其实工作到第五年的时候，他已经成为该部门施工图的中坚力量，我们都知道，所谓中坚力量就是具体动手画图的人，他在那时候已经不可取代。

后来我跟当时带他出道画施工图的师傅聊天，他的师傅一提起他，立刻赞不绝口，说：他总是能在最关键的时候出现在最关键的位置上，并且能在最关键的位置上发现最关键的问题；他细心，坚韧，刻苦，永远最早一个到达办公室，最晚一个关灯下班走人。他曾经有这样一句调侃“名言”：“一定不能在家加班画图，就算在公司画倒了，至少还能算是工伤。”他是整个团队中最努力的那一个。

就这样，一个画施工图的人在一个以方案著称的顶级部门，顽强地存活了下来。精诚所至，金石才会开。

建筑师的必修课：

建筑师的工作范畴有很多，无论你是做方案主创、施工图设计师、项目经理还是商务代表，找准自己的定位，一条道跑到黑，做到极致。在你所在的领域，杀到一线，这样，最“笨”的鸟，也终会飞起来，一颗石头，也能开出花。

015
活体规范

不读规范的建筑师，都是纸上谈兵的建筑师。

我从前有个同事，在设计院的时候平平无奇，但自从当上了甲方，迅速成为设计部总经理身边的红人。大家都很好奇，是不是他天赋异禀，满身才华在设计院无法施展，平日里在大家身边都埋没了呢？

后来据小道消息，他的确天赋异禀。每当设计部因为规范问题深受困扰的时候，他总能第一时间把所涉及规范，甚至条目全文大意背诵，其“张口就来”的速度感，深得女上司的欢心。设计部一年又一年，招了一大堆国内名校出身的年轻人，“藤校”海归也一抓一把，却单单欠缺一个经验丰富且对规范异常熟识的“老设计院派”。于是，他在部门内部成了技术派老大哥，被大家景仰，人送外号“活体规范”。

“活体规范”的身影出现在每次甲方与设计院召开的协调会上，只见他慷慨激昂振振有词，与昔日设计院同事唇枪舌剑毫不示弱，一颗耀眼的地产新星冉冉升起。

这种局面在坊间传开了之后，搞得和他合作的乙方建筑师们，每次“过招”之前，都要临阵磨枪恶补巩固一下最新规范条文，这是自己的领域，怎么能让“敌方”占了上风。因为，建筑师最忌讳的还是那句“甲方指导建筑师如何做设计”，士可杀不可辱，投标可以不中，但你不能藐视我的业务水平。

而在乙方的队伍里，也并非风平浪静。许多做方案的建筑师，看不上终日抱着规范苦读的施工图建筑师；长年做施工图的建筑师，每次接到方案图之后，都暗自大骂，方案阶段留下满眼违反强条的地方（工程建设领域的强制性条文），方案调整拖那么长时间到底在画些什么？！很遗憾，因为高效率的车间式周转，目前很多设计公司，两个阵营还是区分得很清晰。

规范确实纷杂，并且，更新速度也频繁，但有两本规范，一直是建筑师做设计的基础，无论是方案设计还是施工图设计。《民用建筑设计统一标准》和《建筑设计防火规范》，这两部“奇书”，被我称为建筑师的“左右护法”。

《民用建筑设计统一标准》是所有建筑规范的母规范，也是所有规范的基础规范，这部规范是《民用建筑设计通则》“退休”之后最为重要的建筑设计规范。强烈建议建筑师人手规范一本，图示一本，细细研读，必要时可抱着睡觉。而《建筑设计防火规范》其重要程度不言而喻，它可真是个磨人的“小妖精”，因为善变。所有的更新与新增条文，都是为了更全面细致且没有分歧地阐明建筑设计中可能出现的消防问题，务必引起重视。

当然，除“左右护法”，还有“四大天王”“六大金刚”“十八罗汉”……各种神奇规范等着你在实际工程中慢慢邂逅。路漫漫其修远兮，建筑师的路很长，永远没有毕业的那一天。

建筑师的必修课：

不读规范的建筑师，都是纸上谈兵的建筑师，方案做得好不好可能靠天赋，但技术上的升级，不同于天赋上的鸿沟，靠平时的积累是可以逾越的。现行规范庞杂，但常用的其实就那么几本，几本吃透之后，再进攻细分，待做到具体的建筑类型时，逐一攻克。

016
那些天赋异禀的选手

有生之年能与大神在一个赛道上奔跑，也算一件幸事。

与一个优秀的团队合作，几个项目下来，我发现每次的主创建筑师都是一个人。话说这个设计团队，优秀的人才多到令人发指，海归、名校硕士遍布。就连最后包装文本的排版小妹都是全球排名前三位的建筑名校硕士，如此人才资源过剩，以我的寻常思路想来，应该百花齐放才对，但为什么每次派出来的都是同一个主创呢？

在后来的工作当中，我才慢慢发现，做方案这种事，不是光靠工作年限与努力就有什么质的提升的，当然，也不能单凭名校出身，就能拥有一片光明的前途。天赋与机遇并存，真的太重要了。

做建筑设计方案，在大家都拥有相似项目经验、相同积累的情况下，天赋是一个不容忽视的门槛。有的人穷尽一生，都无法逾越那条界限；有的人，短短几年，就上了道儿。对美的敏感，对空间的掌控，对光线的把握，对色彩的敏锐，对复杂问题的巧解，让他一出道就所向披靡，年纪轻轻金光闪闪，驰骋在广阔无垠的设计之路上。此时，他要是再遇到一个伯乐，有好的项目，有好的机遇，很快就能实现质的飞跃。

我有个师弟，他去顶级名校读了研究生。他偷偷地告诉我，读研后他发现，有的人，生就赢在了起跑线上，不仅仅是资源，世间天赋异禀的人，是真实存在的。他在后面一溜小跑，对大神还是望尘莫及。

那么，那些平平无奇的我们呢？别有心理障碍，望着大神的背影，努力奔跑便是，只是这飞机跑道对我们来说有点儿长，飞不飞得起来，还不一定。

建筑师的必修课：

有生之年能与大神在一个赛道上奔跑，见证大神的起飞，也算一件幸事。毕竟三十年后，与后辈打牌闲聊的时候，也可以弹起我心爱的土琵琶，慢条斯理地说道：你知道那谁吗？虽然现在是结构院士啦……当年我刚出道的时候，跟他配合梁板图，还不是想给他拔哪根柱就拔哪根？

017
大神比你更努力

一个人在业务上格外出众，一定是他某些习惯异于常人。

最近补课《东京大饭店》，真的太好看了。女主人公（早见伦子小姐）是一名有着三十年执业经验的厨师，自己曾经开过一些餐厅，但无论她如何努力，她的餐厅始终拿不到一颗米其林星星。

于是，为了深入敌后提高技艺，她以五十岁高龄只身来到法国，想在一家米其林三星法式料理餐厅申请最底层的扒蒜小妹的职位。虽然跟她一起竞争的都是些年轻力壮的小伙子，但是主厨看她努力又坚决，想给她一次机会，入职考试的内容是：要她做一道菜。

真是一开头就被这个女主人公的出场所吸引，没有婚恋纠缠，没有鸡娃狗血，没有婆媳矛盾，竟然是人到中年只身旅法，寻找事业第二春的人设。我已经开始脑补：届时已经画了三十年施工图的我，为了实现建筑理想，只身跑去伦敦福斯特建筑事务所跟新毕业生一起申请见习建筑师的桥段……

一场看似没什么希望的面试，却让伦子小姐偶遇了落难名厨尾花夏树。

话说尾花可谓是法餐届大神级别的人物：一家前米其林二星餐厅的主厨，他以卓越的厨艺以及狠辣的管理风格在业内著称。也就是说，技术，是真过硬；脾气，也是真的差。他恃才傲物，干起活儿来，厨房一干人等，永远得不到表扬，每天挨骂是家常便饭。就这样一个走在人生巅峰的顶级厨师，因为偶然事件遭遇了事业的滑铁卢，无人敢用，流落街头当起了小混混。

偶遇时混混的形象，让伦子小姐在入职考试中，并没有轻信大神亲自下场救急的菜谱，还是用了自己在日本那一套所谓的“法式料理”方法，毫无悬念，米其林三星餐厅并没有录用她。

于是内心不甘的伦子小姐自己买了食材，请尾花大神为自己做一道符合米其林星级水准的料理。大神亲自下厨之后，伦子小姐在巴黎夕阳的余晖之下，忽然明白了自己与米其林主厨的差距（就是我和马岩松的差距），盲目认为这就是技术与天赋的鸿沟，逾越不了的。

就在她心灰意冷，准备卷铺盖回国的时候，同样找不到工作的尾花大神，向她发出了邀请，他愿意和她一起开一家餐厅，并承诺帮她摘星，不只是一星，而是帮她实现米其林三星的梦想。前提是，伦子小姐出钱，他出技术。

于是，一场大神带你打怪升级的大戏拉开帷幕。

想干大事，必须得有人才，一场血雨腥风的“挖人”大战一触即发。伦子小姐一掷千金，挖回了同样落难的当年尾花大神在巴黎时的左膀右臂——行政经理。又一个个把当年跟着尾花并肩作战的小伙伴全部召集，“感化”到位，过程之精彩，叹为观止。王者团队，重出江湖。

该剧一共 11 集，每集都讲了一种情谊：师生情、战友情、供应商情，肝胆相照，患难与共。另外，剧中还有一家与王者餐厅竞争的反派王者餐厅，反派餐厅的主厨与尾花同为巴黎顶级院校科班出身，两家餐厅的商战对手戏也看着十分过瘾。

最打动人的，是整部剧洋溢着的那种为了理想付出全部努力的精神和肝胆相照的情谊。女主角在摘星的旅程中终于领悟出自己与大神的差距：并不仅仅是大神天赋异禀，而是因为大神比你更努力。

如果你此刻迷茫无力，
如果你现在毫无动力，
一定要去看看《东京大饭店》的热血中年大戏。

不多剧透，
我要去努力赚钱工作了，

立志当一个挥金如土的阿姨。

万一我五十岁的时候，

遇到落难版的马岩松呢！

建筑师的必修课：

1. 不惧年纪，不怕从底层做起，要有信心与毅力，能从任何时候开始，从头再来。
2. 找准一个身边的大神，认真地观察他，从每一个细节观察。当你们共同做一个项目的时候，更是观察他的好时机。你一定能看出蛛丝马迹，一个人在业务上格外出众，一定是他某些习惯不同于常人。不要小看观察，这是用最少的时间，掌握进步秘籍的捷径之一。

018
上游与下游

建筑师的实践是伴随着多专业配合的过程，需要在项目中逐步掌握专项设计的基础知识。

建筑师在执业的过程中，多少都可能接触到一些“上游”以及“下游”的设计阶段。“上游”设计阶段如“控规”“修规”“城市设计”“可行性研究”等在建筑方案设计之前的前期设计工作；“下游”设计阶段是指各专项二次设计，“幕墙”“景观”“内装”“智能化”等主体施工图完成之后的后期设计阶段。建筑主体设计与这些“上游”与“下游”朝夕相伴，贯穿于项目的始终。

以智能化为例，一座建筑的智能化设计通常是在主体施工图完成之后开始的。其实，智能化系统与我们平日的生活真的息息相关，比如门禁访客系统、视频安防监控系统、无线网络覆盖系统……这些几乎天天环绕在我们周围；又比如停车场管理系统、车位引导系统、背景音乐系统……则是我们在工作与生活中，能切身体验到的。如果这样来解释智能化都有些什么项目内容，哪怕不是建筑行业的人，也会立刻明白原来智能化设计就是在设计这些呀。

其实，做智能化系统设计，是一道道选择题，这些选择题中有必选题，还有选做题，需要建筑、电气、智能化、甲方四个专业配合完成。对，甲方自己代表一个专业，而且在智能化的世界里，甲方是主专业。

假如遇到一个对智能化这一块不大了解的甲方，我们设计单位首先需要向甲方讲解庞杂的智能化系统每一个功能都是做什么用的，安装之后能达到什么样的效果，哪些系统是必做的，哪些系统是可以不做的。然后甲方开始对系统进行选择，我们会根据甲方选择的系统进行造价估算，这个估算通常不要超过初设概算时的定额，然后，甲方再进行二轮选择。一来二去，智能化方案便敲定下来了，就可以正式进行智能化施工图设计。

建筑师平时的工作内容繁杂，许多时候都是在做这些细碎的配合工作。你看，一座建筑的建成真是不容易呀。主体施工图完成了之后，排山倒海的零零碎碎才刚刚开始。

建筑师的必修课：

在“上游”与“下游”间穿梭，是建筑师工作中的常态。建筑师的实践是伴随着多专业配合的过程，在配合中，我们会逐步掌握结构、设备、智能化、夜景等专业工程的基础知识，这些基础知识不是限制你的桎梏，而是更好地指引你成方圆的规矩。在你退我进之间，解决问题的能力就锻炼出来了，这一过程对于成长为一名全面的建筑师，至关重要。

019 一个没有特长的人

适当的时机“俯视”下来，聚焦于一处。

我时常自我检讨，我是一个没有特长的建筑师。

我做过几年方案，从前期场地、建模型、盯效果图、成文本，一条龙都干过，一直干到主创，但可能是因为天赋有限，我便投身到别的工作中去了。

我画过几年施工图，但施工图需要多年的投入且大量工程经验的积累，我没有完成一个成熟的施工图建筑师所需之原始积累，就又投身到其他工作中去了。

我做过绿建、算过节能、做过投资估算、做过日照分析……我做过“主厨”，做过“帮厨”“摘过菜”，也担任过“销售”，当然，追设计费自然是家常便饭。我发现我做过建筑专业几乎所有该我做以及不该我做的事情，却始终没有专攻一路，成为一家独门绝技的传人。武林中但凡能叫上名来、江湖上有一号的侠客，都有自己的独门武功。

之所以搞成这般境地，与我的从业经历有关。我所有的职业经历，都是项目需要我做什么，我就去做什么；不会做什么，就去学做什么。需要做 PKPM 节能，我就去专门学 PKPM，需要做绿建，我就冲到前面，去学着做绿建。

我时常狐疑，我是不是照着“巨型财阀”的企业内定接班人来培养自己的？多年来投身到各个基层车间历练，熟悉厂里任何一条生产链的运作。这样一条龙式的栽培，按照小说中的情节，接下来，应该是轮到我接手家族企业了。然而，并没有。嘿嘿，但内心戏满分。

有人安慰我，你这样“全面发展”的建筑师，是很适合当项目负责人的。因为任何一个环节，你都从“小工”干起过，你这么“野”的路子，拥有了更全面的职业建筑师经验。但是，如果时光能够重来，我宁愿以一招武功独步天下，这招武功虽不能令我笑傲江湖，但至少在我弹尽粮绝之际，有我“安身立命之本”。这才是最珍贵的底牌。

所幸，懂得之际，为时未晚，我正在为着这“安身立命之本”，勤奋而努力着。

建筑师的必修课：

建筑师要争取机会接触到项目的全过程，但要在适当的时机“俯视”下来，聚焦于一处。人，不可能是全才，时间精力也有限，在有限的时间内，术业有专攻才是安身立命之本。

020
明星结构师

建筑师的最佳拍档。

上个星期，有个朋友兴高采烈地跑来问我：“你去听张准了吗？”上次看她如此的失态忘形，还是在与我侃侃而谈她如何亲历偶像演唱会的时候。

事情是这样的，某天晚上，张准在线上有个直播讲座。然后，场面一度失控。话说，结构师开讲座开到万人空巷实属少见。大家的热情高涨，留言话风狠辣而决绝。

其中一位观众在直播下留言：“张准结婚了吗？”
紧接着另一位观众在直播下回复：“结婚了也不要紧！”
是的，当然结婚了也不要紧。一个英年早婚的结构男，一样能算配筋。

回想起来，我与张准，是有过一面之缘的。让我见了一面就印象深刻的结构男，一定有什么特别之处。

那是在建筑师刘珩汇报项目的一个场子里，面对甲方，她没有单枪匹马，而是带来了一个相貌平平的结构男。话说，给甲方汇报项目，女建筑师千里走单骑的同时捎带结构男出场，那一定是结构男在项目中出任了什么不得了的角色。

果然。

刘珩的方案是一座以深海鱼为概念的建筑，整个结构方案需要以鱼骨的概念生成。于是，她找来了能帮她搭建鱼骨的人。

张准的出场根本谈不上惊艳，一件格子衬衫没有系扣，内搭T恤，与许多建筑师在汇报项目中时不时洋溢出那么普通却又那么自信的神情相比，他是低调到在人堆儿里都完全不会被注意到的那一款。

但就是这一款清秀而内敛结构男，在他的结构设计中，把鱼骨实现了。他巧妙地把曲面多样的鱼骨完全拆解，把看似流线的造型，拆成了模数化基本统一的若干个模块。然后，进行装配！

其实在我看来，这结构根本不能称为鱼骨，它庞大而浩瀚，我给它起了个名字——古代大型脊椎动物结构。这完全就是恐龙化石吧？！

这不是一个平平无奇的结构男。这是一个能装配恐龙化石的结构男。是的，他成功地吸引了我的注意。我相信，他也成功地吸引了在场其他建筑师的注意。

汇报会后的情形还是有些意外，矜持的甲方和建筑师们纷纷主动去加他的微信。话说，这种场面在我从业这些年来，真的很少遇见。建筑师们终于发现，没有想不到的造型，只有做不到结构。此刻，顿时觉得自己家里的“糟糠”结构男，不那么香了。

但是，糟糠还是糟糠。

回来之后，我对这些年来一直跟我战斗的“糟糠”轻描淡写地说了一句：我今天遇到了一个结构男，也是你们宇宙排名第一结构院校同济毕业的，他比你神。

他可能从来没听过我表扬其他结构男，因为，字越少，内容越丰富。“糟糠”感觉到了压力，有压力，才有动力嘛。没准儿我哪天也搞个古代大型脊椎动物结构，考验考验他。

建筑师的必修课：

建筑师的最佳伯乐，当属甲方；建筑师的最佳拍档，当属结构男。建筑师们穷尽毕生，都在找寻上述两位“真命天子”。得之，我幸；不得，我命。

第三章　另辟至蹊径

对他人的建议，点到为止，不强求别人的观点与自己一致，接受不同，并能处理好不同，是我们必须要练就的生存能力。

021 总图的内功

画一手好的总图，是每个建筑师都要掌握的技能。

建筑师虽是建筑学专业出身，但在实际工程项目中，都会多多少少画过一些总图。实际上，是有专门的总图专业的，只是招生量比较少。画总图，人家术业有专攻。用总图专业的话说，培养一个优秀的总图工种负责人，不仅要总图专业出身，毕业后，至少还要经过5~10年的历练，才能算勉强出师。

总图专业的总揶揄我们，觉得建筑师画的总图太“业余”，是的，自从看了总图专业画的总图之后，我就开始对我自己画的总图产生了怀疑。隐约明白了人外有人，山外有山，让卖猪肉的做豆腐脑儿，总有点儿夹生，颇有一种隔行如隔山的错觉，不知不觉隐约产生了自卑感。

直到……我们建筑专业的审定姐姐给我讲了一个故事。

早些年，她在驾校学车的时候，她是同期学员中最先通过考试的。

她告诉我当时她通过考试的秘诀：在平时训练过程中，她把整个驾校训练的场地，用总图的形式画了下来。场地内，哪里有上坡，哪里有下坡，坡度大约是多少，连续转弯的弯道示意，直角转弯的位置，转弯半径，井盖在哪里，共有几个，井盖间距，在场地中是如何分布的，场地周边哪里有居民楼，哪里是树阵，倒车与侧方停车的示意标识……

通过两个月的学习，审定姐姐的“控场能力”飙升，真正做到了“轻车熟路”，这张总图功不可没。

练成这样，还有个考不过？不可能的！

但是，审定姐姐告诉我，当时确实有一位和她一起学车的同行，就没有一次性考过驾照。我特别八卦地问：“是谁呀？”她面露神秘微笑，压低声音说：“没考过的那个，是总图专业的。”

自此，我再画起总图来，神清气爽，豁然开朗。

建筑师的必修课：

画一手好的总图，是每个建筑师都要掌握的技能，单体建筑之外的“控场能力”就是在这一张张总图的历练中成长起来的。不要有任何怀疑，建筑师可以画总图，并且，可以画得很好。《总图制图标准》学起来，等高线搞起来，我们可能这辈子都打不过结构专业算不出配筋了，但总图还是可以挑战一下的。

022 建筑师能做城市设计吗?

建筑师需要学习城市规划以及城市设计的相关知识。

最近几年机缘巧合做了几个城市设计。你没看错，真的是城市设计。城市设计的团队最初四个人，清一色建筑学专业出身。我们大眼瞪小眼，面面相觑，搞得了吗？怎么搞?

在我们传统思维里，城市设计虽然与建筑学有交集，但毕竟一直是规划专业霸占七分的江山，这是人家多年以来的看家本领，我们几个半路出家的到底行不行？隔行如隔山，而这山，是不是相当于建筑学转暖通这么难？基因跨度，是不是相当于人类与黑猩猩的距离?

既然赶鸭子上架，那就只能一条道跑到黑。于是，就这么四个人，开始铺天盖地学习城市规划、城市设计知识。从四个小白，通过夜以继日的努力，至少先变成大白再说。

学习，得有资料。找寻资料的过程，特别需要战略布局。好在从业这些年，因为建筑方案总是会跟上位规划扯上点儿关系的，导致我们掌握了不少完整的城市设计原始资料秘籍。虽然没吃过猪肉，但黑毛花蹄猪们已经在面前奔跑过好多回了。

有了书籍资料，再加上前人的秘籍，城市设计入门并不难。但我们四人小分队缺少的是实战。以前，总图专业的老总曾经揶揄我们建筑专业："我们总图要培养一个专业负责人，至少需要五年。"我想，规划专业肯定也是。如何逾越这五年的从业鸿沟，不是通过简单的"程咬金三板斧"能解决得了的。

此时，好的业主，成了我们这一环节最大的"助攻"。几年来，带着我们上山下乡，一驻就是一个月的实地调研，一轮接一轮，几个城市设计做下来，慢慢感觉入了一点儿门道，四个门外汉竟然也默默迈进了城市设计的门槛，反正都是创作嘛，"腾退用地""旧城更新""产城融合""四山两江""山水格局"……已经融入我们几个建筑娃的血液里，做梦都会梦到。

其实，现在想来，真正好的城市设计是需要规划师与建筑师共同合作完成的，两个专业的素养，缺一不可。当然，直到如今，因为建筑专业出身，做城市设计还是有点儿发怵，而每当这个时候，我就会给自己打气，煞有介事地分析：别怕，现任和上一任规委主任可都是学建筑的哦。

当然，城市设计绝大多数的时候还是需要建筑师伙同规划师共同完成的。你耕田来我织布，我挑水来你浇园。合作是长期的，道路是曲折的。曾经跟一个规划专业同行辩论，城市设计到底是建筑师主导还是规划师主导，吵得面红耳赤毫无定论。为此，我还特意在视频号上剪了一个柯布西耶当年如何雄霸城市设计天下的视频来揶揄规划兄。人家规划兄就来一句：我们现在可叫“国师”了。我马上脑补了《西游记》中车迟国那三位求雨的国师……

正当我们僵持不下之际，纯种城市设计专业毕业的刘工挺身而出，充当了“老娘舅”的角色：大家都岁数不小了，能过就凑合着过吧。

于是，桃园三兄弟在这样一个诡异而乖张的气氛之下，在精神上勉强成团了。

那还能咋办？

气氛都烘托到这儿了，来都来了。

建筑师的必修课：

1. 建筑师需要深入学习城市规划以及城市设计的知识，并尽量创造机会参与实践。我们做的项目不仅仅只是一个个具体的建筑设计，建筑与城市有着千丝万缕的联系。
2. 匠人无寓也曾经跟我感叹，当年他研究生刚毕业时，就职于上海某国有设计院规划部门，踏踏实实做了两年纯规划，这对他一生的影响是深远的。想成为一个全面的建筑师，涉足城市规划与城市设计，或早或晚，是我们的必经之路。

023
我的追风师兄

造价掐住了建筑师与甲方的命根子。

我有个神奇的师兄，我叫他“追风师兄”。追风师兄并不是建筑学专业的，他是一个地地道道的土木男，我在念大学的时候，建筑学与土木工程专业隶属于同一学院——土木建筑工程学院，他的大学的室友是我的辅导员。看到此处，那些拥有独立人格“建筑学院”的朋友们不要歧视我们，正因为这样，我才邂逅了接下来要说的追风师兄。

在我们公司，北京交通大学的毕业生占比犹如少数族裔。因为稀有，所以珍贵，这让我与追风师兄的相遇，一见如故。追风师兄的特别之处，即是土木工程专业毕业之后，并没有成为一个理论上的结构男，而是剑走偏锋主攻了造价专业，至此，开始了一路开挂的造价人生。

每一个项目从投资估算到概算，我都是与追风师兄紧密配合，追风师兄亲自挑选最得力的干将，引荐给我。

我的业主们好像都特别爱干一件事，每次拿完一块地，都有十万个为什么来问我，比如，五星级酒店，建筑高度 80 米，每平方米造价多少？土建多少？内装多少？我开始是迎难而上，按照以往寥寥的造价经验，现场瞎编。后来编着编着，难免露怯，因为今天问你酒店，明天问你银行，后天问你体育馆，我又不会算命，哪能次次都蒙对？为了不给团队抹黑，我找到了追风师兄，当我的幕后军师。

危难之际，追风师兄当然挺身而出。我十分佩服他的一点是，我每次问到他时，他总是能给我搞出个 Excel 表格出来，现场就能给我反馈各种项目类型的投资估算。我惊讶地问："你怎么手这么快？"他总是谦虚地回答："正好刚做了个差不多的项目（这可太正好了）。"

次数多了，我有了一种久病成医的错觉，深知，懂点造价知识，对建筑师来说是多么的重要。造价问题，无时无刻不渗透在建筑师的日常工作当中。这不，业主又抛过来了一个具体的细节问题，问我地下室面层如果从耐磨混凝土改成环氧防滑自流平，每平方米造价相差多少呢？于是，我又抄起电话，拨向了追风师兄。

不过，最近发现，追风师兄的头发，好像越来越少了……说明薅羊毛不能总可一个薅啊！

建筑师的必修课:

建筑师需要学习造价的相关知识。如何学习呢?最好的方法,就是在项目中不断总结。我们在工程实践中会接触到各种项目类型,并且都会在一些设计节点上与造价专业配合,要留意不同类型建筑的单平方米造价、建安造价,分项中土建、幕墙、智能化、景观、内装等专业项目的造价的计算规则、额度与比例,多向造价专业请教,相信我,这些留意与顾盼,在日后的设计中你一定用得到。

024
报建男孩

有时候，需要及时止损转换赛道。

工作十余年，我带过许多实习生，很多来自名校，其中也有海归，也有来自一般的大学，有学建筑学的，有学景观的，有学规划的，甚至还有学土木工程专业的。形形色色，五花八门。其中有一位实习同学，给我留下非常深刻的印象。

他来自一个小县城，念大学的费用，来自助学贷款，在读大学是一所三本大学，多年来的带教经历，让我不会用有色眼镜看待一个人的教育出身，因为我知道，工作态度才是一个人进步的基石。

他实习的时候，正值四年级下学期。那时候几个手上的项目急需人手，并且春季并不是实习旺季，大部分的实习生会到五年级上学期才正式开始实习，张工一直鼓励我，人手不够，没关系，他最忙的时候，一个人带四个实习生，都能搞定一个小型项目的施工图。我瞠目结舌。当然，也正是这样一个青黄不接的契机，让我有幸遇到了这位剑走偏锋的同学。

话说，这位同学，真的非常“笨”。与他同期一起实习的其他同学，很快就进入了状态，一周过去了，他还是处于一个怎么教怎么不会的困顿之中。我思来想去，觉得这孩子可能真的不是画图这块料，就对他说：“你跟我去报建吧。”

当时他的工作是协助我对接规划局完成一个公共建筑的方案报建任务。报建是一个细碎的活，需要准备许多材料，不仅需要与业主紧密配合，还需要与规划部门密切沟通，要多密切呢？真是要多密切有多密切。我有个同学在规划局负责审批方案，她告诉我，最疯狂的时候甲方协同乙方抱着方案文本堵在自己家小区的楼梯口，那架势，完全就是追债的，意思是你要是明天不给我批出来，我就要在门口写大红字了。我逗她说：“你看，甲方乙方也不都是‘相煎何太急’，这场面就是标准的统一战线啊！”

我对这位实习同学的要求很简单，他不用去“堵门”，只需要时时刻刻见缝插针拿着刚出炉的设计文本去行政服务中心蹲点儿与规划收件人员沟通。我教了他一些常用的与规划部门沟通的方法，就放手让他去做了。这种非设计类实操工作是需要即时汇报以及强大的主动性去完成的工作。

但凡报过建，我们都懂的，银行每天贷款几十万的利息，业主一定是急到火烧眉毛。当然，我们设计单位也急到火烧眉毛，因为报建一结束，我们这一笔的方案设计费就可以结算了。经历了漫长的方案设计调整阶段，大家早已筋疲力尽。

这个男孩子，马上把工作的办公室切换成了“移动战场”，每天早上“到岗”规划局审批窗口，准点报到，晚上窗口下班，他才回来。他在前方，密切地与方案主创时时沟通。不久之后，业主终于拿到了批文。

我欣喜之余对他感叹：“这一战，你收获颇丰，继续加油吧，少年，接下来，新的任务已经在等着你了，我们有个项目要报‘人防’了。”

建筑师的必修课：

建筑师所涉及的工作界面很广泛，无论致力于哪个方面，工作态度都是最重要的，认准一个目标，使命必达，有时候需要一点儿轴劲。一件事做不好，不要轻易否定自己，不是每个人在所有方面都能长袖善舞，及时止损转换赛道，是金子总会发光，但不都是在同一个地方发光。

025
减负人生

一个心思细密、细致妥帖的助理，真是可遇不可求。

我曾经有很长一段时间，被排山倒海的图纸文件压得喘不过气来，每天坐在办公桌前的文件海洋里，无所适从，痛苦而压抑的一天便从此开始了。

直到有一日，我造访了一位建筑师。发现他的办公桌上，整整齐齐摆放了三件东西：一摞邮寄来的书，两捆需要他看的图，还有一沓需要他签字的文件，除此以外，空无一物。

他对我解释，他的助手会把他今日的待办事宜，以物品的形式排列呈现在他的办公桌上，由于他经常在夜航之后，还会折回办公室独自工作，助手会很贴心地贴上“待办小贴士”。而每日已完成的待办事项，助手也会将它们及时“清理”，这样让建筑师在处理完待办事宜之后，有更多的精力投入到设计当中，将事务性的干扰，减到最低。

我暗自感叹，这助手真好。同时，也在自省“没有助手的”“我的”工作状态。拜访完他之后，我回到工作中第一件事，就是把我所有的文件，尽量去纸化，有用的，扫描存电子版，无用的，清理干净。我开始拒绝排山倒海待办文件，需要一个“不持有”的工作环境和生存状态。

此外，我花了两个周末的时间，把我八大箱衣物，精简到春夏一箱，秋冬一箱，两个储物柜轻松地装下了我的所有战袍。佩饰精简、手表精简，一切的一切，下定决心开始极简化整理。在取舍的过程中，我发现了许多一直想找却找不到的东西，也会因偶尔触及的美好回忆而泛起惊喜。

随着清理、精简、提炼、留存……一系列过程。我筛选出了最实用的东西。物品减少的同时，生存关系也渐渐清晰，麻烦的事情减少了，不愉快的概率也变小了，减负的人生让自己变得更轻松。

后来，我又去拜访了那位建筑师。很幸运，我这次巧遇了他的助手。她竟然是如此的普通，站在人群中不易被发现，手臂上甚至还戴着袖套，她的装束与她的身份（著名建筑师“大内总管”）格格不入。而正是这位“袖套姑娘”将这位外表光鲜建筑师的日常事务打理得井井有条。我拉着她，目若桃心，眼神中绽放出奇异的光彩。

建筑师默默地瞟了我一眼，知道我心怀不轨。

“她，你是挖不动的。”

建筑师的必修课：

1. 一个心思细密工作细致妥帖的助手，真是可遇不可求；如果遇到，请倍加珍惜。
2. 极简主义不是只能落实在建筑设计中，而是要时时刻刻贯彻在生活的细节里；摒弃杂余，在取舍中磨炼自己的眼力。生活轻松了，设计才有可能游刃有余。

026
旺盛的生命力

建筑师这个职业，需要以旺盛的生命力作为支点。

有一年的冬日，跟崔愷院士下工地。早在前一天，崔院士给我们看图看到了夜里 11 点，没想到翌日见到他，依旧神采奕奕精神状态极好。

崔院士下工地时有两个特点：一，边下工地，边用白纸本画图，注明还有哪些地方需要调整修改，现场解决问题；二，他的体力真的非常好。

崔院士走路速度极快，整个下工地的过程，渐渐形成了一个比较尴尬的局面，他在前面走，而比他小快 30 岁的我，在后面一路小跑才能勉强跟上，两条腿明显倒腾不过来了，不一会儿我就气喘吁吁了。这让我想起武侠小说里的侠客，飞檐走壁，气不凝息。

崔院士出差时，喜欢住在自己设计的建筑附近，每日早起，步行至项目工地绕着用地红线刷圈一小时，如果有时间，晚上也会同样路径刷上一小时。相比之下，擅长于蒙头大睡，恨不得需要睡足八个钟头才勉强被闹钟叫醒的我，忽然明白了，成为一个合格的建筑师，首先要有过人的精力，过人的精力来自长期的自律与运动。

想起我平日里最爱说的一句话：扶朕起来，朕还能再画半个小时……这样小体格可怎么行呢？我开始扪心自省，这些年来之所以在专业上进步缓慢，就是因为运动量太少了。体力不支，导致脑容量下降，精神头不足，搞建筑需要“德智体美劳”全面铺开了发展，“体”是C位。

为了改善这种窘况，我买了一个高级跳绳，能电子计数那种。听说跳绳是近来非常时髦的运动，我下载了一个手机软件，手机软件指导我，每天要跳1000下，而且，这1000下中，还需要每隔100下，做一些拉伸动作。（到底是谁规定的1000下？我真是问号脸，那不成了人力打桩机？）

就这样，小区楼下，出现了一个半夜三更疯狂跳绳的女子。在我的不懈坚持下，顺利占领了小区里流浪猫的栖息高地。并且，成功吸引了楼上一个小朋友的注意，这位小朋友每天站在自家阳台上，看神秘阿姨抡绳狂跳，阿姨好像不太聪明的样子。

建筑师的必修课：

体力、热爱、专注、勤奋，都是成为优秀建筑师不可缺少的品质。热爱是根本动力，但体力是热爱、专注与勤奋的保障。建筑师这个职业，需要以旺盛的生命力作为支点。赛道各异，唯有身体素质好，方可夜行两万里。

027
结构男的铁人三项

“文明其精神”的同时，一定要“野蛮其体魄”。

我总是能跟结构男学到许多东西。

有一次甲方质问我：“为什么送审的图纸不全，为什么缺了结构专业？！”大家都知道，全专业都在改，最后都是苦了结构，几乎所有的项目，最后都是结构专业历经沧桑受尽折磨出不了图。我早已对甲方的拷问有所准备，告诉他：“结构专业，是整个项目的龙头专业，我们建筑、水暖电，都是为结构服务的，整个项目的图纸，结构最有技术含量，他们还需要再对对图。”甲方，点头称是！（结构男教我这么说的……）

坐地铁上班，都会经过一个自己前些年设计的项目，项目用地内地铁轨道线路 45° 横穿用地，我当时画总图。每当地铁经过此处，我都会默默念叨：“结构男，你是电你是光，你是唯一的神话……你当年算得一定要准啊……”很难想象，地铁呼啸而过之时，轨道上面，屹立着一座超高层建筑。

可见，结构男的业务水平，已经达到了炉火纯青的地步，好看的建筑千篇一律，有趣的结构万里挑一。

但是据小道消息，结构男目前并不满足于其道行的所向披靡，他除了“文明其精神”还想“野蛮其体魄”，他正在修炼一种叫“铁人三项”的运动。我倒吸了一口冷气，这让我十分惶恐。惶恐之余，在专业配合上，总是少了那么一点儿底气，心说，这要是真动起手来，我可真打不过铁人啊……

试想一下，一个能游泳1500米之后，又骑了40公里自行车，还能再跑10公里的结构工程师，他要是说哪里落柱，哪里加剪力墙墙支，你敢说不？到那个时候，我可能只有点头如捣蒜的份儿：“结构说得都对，结构开心就好。”

如果说，世界上的马拉松爱好者心中有一个圣地——“波士顿马拉松”的话，“铁人三项”的爱好者，心中也有一个圣地，那就是去夏威夷完成“铁人三项”。为了表明去夏威夷参加“铁人三项”的决心，结构男把自己的桌面背景以及屏幕保护模式切换成夏威夷风情系列。

在结构男的鞭策之下，我也开始了自己的长跑训练，话说我在大学二年级体育课的2000米限时跑之后，就再也没有任何长跑的经历，这次被结构男逼上梁山，以求自保为己任。都说“马拉松是中产阶层的广场舞”，虽然中产阶层还没实现，但广场舞可以先跳起来。

可是，最近发生了一件事让我十分担忧，结构男又开始神神道道念念有词。终于有一天他没忍住，信誓旦旦地对我说，他现在已经在开始系统训练了，备战“超级铁人三项”。何谓“超级铁三”？他云淡风轻娓娓道来：也就是游泳 3.8 公里，然后骑自行车 180 公里之后，再跑一个“全马”吧。

我低头看了一下自己的小体格，呆若木鸡。

建筑师的必修课：

“文明其精神”的同时一定要“野蛮其体魄”，体力好了，才能健康工作五十年；耐力好了，才能在约会约到兴致盎然之后，还能爬起来加个班赶个图。

028
备菜进行时

了解地方性政策法规是做设计之前必须要干的事。

无论在哪一方土地做设计，当地的政策法规、地方规定、解读细则无疑是除了国标之外，另一重要的“指路明灯”。不全面了解当地法规的建筑师，几乎相当于瞎做。

我们时常说建筑师大多是感性的。呜呼！荒谬哉！谁要是在政策法规面前感性，真是自取灭亡。我们江湖人士，来到不熟悉的一方土地，《城市规划管理技术规定》是必须要通读的，这相当于唐僧取经时的通关文牒盖章环节，重要段落甚至需要全文背诵。里面涉及建筑退线、建筑间退距、日照要求、停车数量计算、地下室埋深等非常重要的准则，是我们下笔做设计之前必须要熟知的。可以这么说，读熟《城市规划管理技术规定》是做设计的基础之基础，可万万感性不得。

《城市规划管理技术规定》分为以所在省为单位的《×× 省城市规划管理技术规定》以及在这之后出台的省内各个城市的《×× 市城市规划管

理技术规定》。这些规定有很强的时效性，通常情况下，最近发布的即是现在通用的。但也有例外，有些项目在拿地之时，规划设计条件中会专门说明这块地执行哪年的《城市规划管理技术规定》，此时，就要以规划设计条件为准，差之一年，有时失之千里。瞬息万变，刺激得很。

除了《城市规划管理技术规定》之外，还要在地方政府网站上，如市政府、自然资源与规划局、园林局、人民防空管理办公室等官方网站地毯式搜寻该城市近年来出台的相关政策法规，以及这些法规不时出台的补充细则。这是一个慢活儿，细活儿，但也是建筑师必须要干的活儿。

做设计如炒菜，谁都知道炒出来那一刻的最是香味扑鼻，但烦琐的备菜过程是一丝一毫都马虎不得的。充分解读地方政策与法规，就是备菜的重要一环。

不多说了，我去拍蒜了，油温已经七成了，准备下锅。

建筑师的必修课：

除了对相应建筑类型的规范掌握之外，了解地方性政策法规也是做设计之前必须要做的事。每个地方的规定不同，如果能多搜集一下当地项目的案例，与政策法规结合着看，将事半功倍。

029
建筑传菜师

建筑与媒体的关系，很微妙。

2008 年夏末，我在上海参观一家知名的建筑事务所，这家建筑事务所坐落在一栋三层老洋房里，总建筑面积不大，但看得出每一处都经过精心设计与改造。

接待我的商务主管一层一层地带着我转悠：一层是公共活动区，时常举办一些小型展览和沙龙，也有会议室；二层，分为两大间，第一大间，是正对着楼梯的一个开敞空间，有六七个工位，商务主管说，这是我们的媒体部；另一大间，房门紧闭，里面密密麻麻挤了十几个工位，商务主管又说，这是我们的设计部，并且叮嘱我，我们设计的许多项目目前还在保密阶段，这个不能进去参观，会打扰到我们的设计师。

彼时我年轻幼稚的内心瞬间泛起了狐疑，建筑事务所不是做设计的吗？为什么这家建筑事务所有个媒体部？并且，工作场地的规模与设计师所处空间体量几近相等？因为办公面积从某种程度上反映了这两个部门在事务所里的重量级。

一晃，这竟然是十几年前的事了。

时至今日，媒体部门已然成为建筑事务所必备的部门，许多事务所也早已拥有自己成熟的媒体部门，这个成熟的媒体部门熟练运用各种新旧媒体工具，让建筑作品以各种形式得到最广泛的传播。

曾经有一位美院教授这样犀利地言语抨击：“如今许多优秀的设计作品，很大程度上是设计师与摄影师合作出来的优秀作品。在大众眼里，充斥着这种被包装过度的所谓网红作品，民众们却十分买账，乐在其中，恍然发觉，原来，艺术可以离我们这么近。”

在我看来，建筑学其本质是一个非常贴近生活、与“人”的联系非常密切的学科，它不应该只被钉在高高在上的专业建筑杂志顶端来供人瞻仰。它需要一个桥梁，一个机遇，来走进人们真实的生活中。正如英国艺术家达明安·赫斯特一直强调的那样：“我要永远利用这个时代的媒介和这个时代对话。”

新媒体手段，就是这个时代的媒介。

章明老师有一天异常兴奋地说，他偶然间发现自己的作品成了小红书里被争相“打卡”的“景点”，有了一种莫名的自豪与喜悦。作为建筑师，也许，你的建筑里能聚集人，并且人们还喜欢它的话，亦是一种珍贵的慰藉。

利用流量、擅用流量，好的作品，是需要吆喝起来的。

那，到底怎么吆喝呢？

男宾一位！楼上请！

建筑师的必修课：

假如一个建筑设计作品是一道菜的话，建筑师必然是掌勺儿的，摄影师犹如摆盘的，而媒体，就是那个上菜的。在我看来，三个步骤缺一不可。当然，这道菜品质量的核心，一定是掌勺儿这一环。有重量级大厨掌勺儿，再有“摆盘君”和“传菜君”的帮衬，一道传世名菜便可以应运而生了。

030
铁总是怎样炼成的

成长中的每一次低头叹气，可能都是福气。

铁蛋是一个新手，刚毕业，因为是个男生，而在坊间时常偏执地默认，男生做方案做得好的概率比较大，值得培养，于是他被分配到了方案组。带铁蛋出道的是一个白姓师傅，已经做了七年方案，作为主创，可以独当一面，带着小团队完成投标，代替老大去跟业主汇报，这些都没问题。

白姓师傅对铁蛋的要求十分严格，并且在铁蛋的眼中，对他比对其他同时来的几个新人更加严苛，这让铁蛋十分苦恼。时常怀疑是自己哪里做得不对，或是因为平日里大大咧咧说错过什么话，得罪过白姓师傅。

白姓师傅要求铁蛋每日不能迟到，大家都知道，对于做方案的人，熬夜是常有的事，在这种工作强度下，仍旧被要求每日 9 点必须坐定。对，你没看错，不是 9 点踩点儿进门，而是 9 点整要完成所有准备工作，进入工作状态。

对于时间的控制，白姓师傅对铁蛋的要求体现到了各个方面。每日被紧盯时间节点的感觉非常不好，几点钟要求提交什么成果，几点钟要拿出解决方案开讨论会，拖延一分钟都不行。铁蛋有一种错觉，背后总有一双眼睛在盯着自己，为此，他还特意买了一个凸面镜，就是那种十几年前常贴在出租车后视镜上的附加小凸镜，这样可以 270° 广角观看自己的后方是否被人“监视”。

白姓师傅对文本的要求也近乎苛刻，他不允许文本中出现任何一点小错误，每次出现令人发指的低级错误，都会“哼哼哈嘿”拍案而起。他觉得，方案做得好坏，靠天赋、靠勤奋，但文本做得是否严谨，体现的是一个建筑师的工作态度，态度不行，是低级错误，不值得原谅。

就这样，白姓师傅在同期一共带了五个徒弟，只有铁蛋在内心深处骂骂咧咧中坚持了三年，其余四人不堪重负，跑路另谋高就。当然，更神奇的是，白姓师傅最后也跑路了，被双倍年薪挖到了另一家公司当主创，下山之前，他极力向老板推荐了一个人接替他的位置，他说，铁蛋，可以胜任他的位置了，铁蛋是个人才，好好培养。

很多年过去了，那个在桌上装凸面镜的铁蛋，已成为该司最年轻的合伙人。当年的铁蛋，是现在的铁总。

建筑师的必修课：

问题要辩证地看，遇到一个要求严格的师傅带我们成长，是福气。他的每一条看似严厉的规定与要求，都是用他这些年吃过的亏来提醒你。看似困难，实则捷径。

第四章　建海中沉浮

三十岁之前，我们不顾一切不遗余力地表达自己，三十岁之后，我们的修行之一，就是学会如何闭嘴。沉默是武器，沉默是金。在甲方面前，我的话太多了。

031
江湖儿女的情意

甲方和乙方，怎么说呢，大家是一伙的。

以前和我一起做商业地产的甲方这几年调整了业务版块，开始涉足养老地产。他从一个终日转发他司又大卖几百亿海报的苦行僧，变成了每天直播他负责的养老机构里大爷大妈的日常，吃什么喝什么玩儿什么唱什么……看着老人们的日子过得风生水起，我甚至萌生了退意，自己都有点儿想赶紧退休住进去。心里默默祈祷他能多干上个几十年，我好能在退休之前攒够钱。不过好像他今年 45 岁了，看他平日里吊儿郎当敌动我不动的表现，估计够呛能返聘。

土建设计一直有六大门派之说，除了建筑、结构、水、暖、电五大门派之外，甲方，也算是一大门派。其实，甲方在项目中充当着重要的角色，围攻光明顶，必须六大门派一起上，怎么能少了甲方这个盟友！

我与甲方的关系，也曾濒临雷区。有很长一段时间，甲方是每天给我发微信最多的那个人，早上醒来打开手机，连续 20 条语音等着我聆听，

800字以上的文字微信等着我阅读，外加5个未接来电，压力排山倒海势不可挡。

直到有一天，我工作烦闷想要缓解压力，于是下载了一个“K歌”软件。在我半夜三更一口气唱了五首歌曲之后，发现了一件诡异的事：原来，一直“虐”我的甲方，也在使用这个软件每日开唱榜上有名。我长出了一口气，既然大家都是江湖儿女，又恰逢共同身陷囹圄，还装什么贤良淑德，不如红尘做伴活得潇潇洒洒，策马奔腾共享人世繁华。于是赶紧自报了家门跟他合唱一曲。一桩坚不可摧的战斗友谊，就此诞生了。

不过友谊归友谊，春节前夕，当朋友圈里所有人都在写小作文总结过往展望未来的时候，我仍旧不放弃最后的机会，声情并茂地努力营业发着朋友圈并专门“提醒了”他：春节还剩两天了，设计单位忙活一年了真的不容易，衷心恳请各位甲方的设计费快点儿到账吧……（别问我怎么知道甲方都是上班到年前最后一天的！）

建筑师的必修课：

甲方与乙方，同为江湖儿女，既然大家一伙的，剩下的只是战胜困难的方法和手段问题。左手拉右手，一起向前走，坎坷莫回头，为彼此加油。

032
与甲方的双赢

如果贝先生是此刻的我，他会怎么做？

作为建筑师，业主的信任是不可多得的珍贵礼物。

以贝聿铭先生为例，你觉得他最大的特长是做设计吗？可能不是。无数的影像，让我们重回 20 世纪的黄金时代。人们永远无法忘记，贝先生在卢浮宫前，面对质疑时的谈笑风生，这个场景让我第一次看到了一个建筑师在设计之外的风采。

不仅仅是卢浮宫金字塔，贝先生的许多项目，都是在争议中诞生的，一座肯尼迪图书馆，促成美国前总统肯尼迪遗孀与贝先生的来往，铸成了甲方与乙方琴瑟和鸣的佳话。这是一个成熟的建筑师，在面对业主时理应展现出来的魅力，一个建筑师有责任让业主信任他。在那个星光灿烂的年代，贝先生拥有着不同于同期大师的不可替代的社交能力，成为后世建筑师在面对业主时的高情商典范。

杰奎琳夫人这样评价贝先生："我不在乎他以前是否有过出色的设计，但是我相信他现在的才能。我罗列出了所有理性的原因，告诉自己选择贝先生的设计方案，但事实上，我的决策还是非常感性化的。他满是自信，让我想起了杰克（约翰·肯尼迪的昵称）。他们是同一年出生的，我决定和他一起迈出大胆的一步。"

仅此一役，时年47岁的贝先生，战胜了同期竞争的63岁的路易斯·康，以及78岁的密斯·凡德罗（啧啧，看看人家的对手），一举成名。

即使已经是第一夫人，她仍旧是人，并且，是性情中人。一个性情中人，那就好办了。她一定会是一个好业主，在这个项目上，她与贝先生是双赢的。

肯尼迪图书馆项目的建设过程非常坎坷，曾经多次更替用地红线。对于建筑师来说，用地红线的变更无疑是致命的，几乎相当于推翻了一切重来。在设计的初稿问世之后，波士顿的民众举行一次又一次的游行，反对它，咒骂它。此时，杰奎琳与贝先生已是坚不可摧的战略伙伴关系，用日本电影《追捕》里那句经典台词来讲："我是你的'同谋'"。

岁月不败美人，也不败建筑。15年后，肯尼迪图书馆终于建成。

建筑师的必修课：

我们在设计中，有许多突发状况是需要与我们的业主携手度过的，业主之所以选择了我们，不是要找一个与他们作对的人，而是要找到来解决问题的人。我把贝先生的照片打印出来立在我的办公桌上，每当遇到困难时，或是与业主千钧一发怒发冲冠之际，我都会问问贝先生，如果他是我，他会怎么做。

033
非暴力沟通

死磕不是硬道理，放下恩怨，进行有效的沟通才能解决问题。

我曾经有一段时间真的好想把我的一个甲方拉黑，估计他也想把我拉黑很久了。因为项目长年的纠缠与推手，我与他的状态就像本来就性格不合的夫妻，早已毫无感情，但因为孩子的牵绊捆绑而被迫生活在同一屋檐下，互相折磨互相伤害，但就是离不了。

既然离不了，那项目还得干下去，如何进行非暴力沟通成了当务之急。就在这时，隔壁竞争单位主管经营的赵同学给我提供了一个全新思路。

赵同学有一个资深甲方酷爱健身，正在从六块腹肌通往八块腹肌的路上艰难跋涉。于是，190斤的赵同学，专程跑到甲方的办公楼下办了人生中第一张健身卡，每天下班兴致勃勃约甲方健身，光健身还不够，泳裤买起来，就这样，两个大男人每周在游泳池里赤膊相见，培养出坚不可摧的健身友谊。再后来，赵同学追设计费都追得特别有自信。

一年半之后，一个150斤顺带六块腹肌的赵同学，横空出世了。听说，赵同学还考下来了瑜伽教练证书，业余时间已经在该健身房开班授课了。甩掉赘肉的同时，他也拿下了这个甲方。

听闻赵同学的事迹，我默默放弃拉黑甲方的想法，死磕硬扛不是解决问题的办法，我到底该怎么打破每日揪着项目细节与我的甲方“对骂”的僵局？自古华山一条道，只能智取，不可强攻。

终于有一天，甲方发了朋友圈：“老婆辛苦了。”原来，甲二代出生了，我长叹一声，风萧萧兮易水寒，看来，妇幼医院的门已向我敞开，拎着纸尿裤的我，该何去何从？

建筑师的必修课：

面对甲方，短兵相接不可取，放下恩怨，大家的核心目标是一致的，需要有效的非暴力沟通。有时候，一包纸尿裤的温度，比拍桌子瞪眼更有效率。

034
和甲方的推手

跟甲方推手是要讲究技巧的，关键时刻要维护好建筑师自己的权益。

周一的时候，一个许久没有响起的电话铃声再度响彻耳畔，虽然内心中曾有一万次想把他设置成静音，但至今还是没有下去手。来电的不是别人，正是我亲爱的甲方：小赵。能享受专用铃声设置的甲方，一定是跟我过过大招儿的甲方。

话说第一次见到甲方小赵的时候，十分惊讶，原来甲方项目经理，竟然是一个二十出头的小伙子，留着十分“杀马特”的发型。鉴于他的年龄，我把他默认为甲方队伍中跑腿儿的，于是经常指使他去找我需要的各种设计条件。

直到有一天一个中年男性打电话联系我，说赵总让他把我需要的道路红线发给我。我问：哪个赵总？中年男告诉我，原来“杀马特”小赵即是赵总。后来，我才知道，年纪轻轻的“杀马特”手下竟然有二十多个小弟听他指挥。

有很长时间，我会保持着每半年跟小赵大吵一架的频率，原因很简单，每逢大吵，必然是追设计费的大节点，在钱的问题上，我从来没含糊过，但他的态度一直很暧昧。本来，我是打算兵不血刃的，无奈，敌人心态太稳，滚刀肉哇，真的让人生气，一张发票压在他手里两个月，都不走流程，这换谁不得提着四十米长大刀追过来？

话说，小赵非常惧怕他的顶头上司，他的顶头上司是一个头发不太茂盛的中年男子，属于不怒自威型的，甲方队伍中上上下下都对他忌惮三分。我经常吓唬他说："我已经找了你们的'巨总'了（巨总=巨大的总经理），'巨总'告诉我，账上已经有钱了，这笔款已经可以支付了，如果再不把发票走流程，我就去告诉'巨总'，把你换掉。"小赵沉默了一下，气定神闲地回答："你找他没用的，他说了不算。"后来我才知道，"巨总"马上就要调走了，小赵很可能接替他的岗位。

就这样，在数轮你推我搡的推手中，项目一点点推进下去了。虽然我们都曾经互相扬言"不给图就不给设计费"以及"不给设计费就不盖章"这种豪言壮语，但吓唬归吓唬，我们还是在最后的关头，彼此成全了对方。

建筑师的必修课：

跟甲方推手是要讲究技巧的，大家的脉门无外乎"钱在他手里，图在我手里"。虽然甲方惯用的手段是"打折了腿送一根拐杖"，但是我们还是要在关键时刻勇敢地抄起这根拐杖，维护好建筑师自己的权益。

035
追债设计费四步走

建筑师追债手册。

年末聚餐，和我同桌的一个女生是名律师，我好奇地问：你是主打刑事案件，还是民事案件？是不是像TVB里演的那样打豪门家族争家产案的那种？她微微一笑，说：我的专长是……主打拖欠工程款。呵！我肃然起敬！

最近的一张设计费发票开出去，作天作地追了两个月，终于到账了。谁知道，一看到账金额，傻眼，只到了发票面值的75%，我马上联系甲方，追问过去，怎么还能这样？一张发票还非得要拆成两次付款吗？

甲方好像深谙此道，云淡风轻地告诉我，他们按照流程层层审批，等到审批环节，总经理大笔一挥，批注上手签的意见就是：先付75%吧。我心说，好嘛，有零有整，还有这种新鲜事？开了发票，钱还不一次付全？他在等什么？这是什么新套路？欲说还休？欲走还留？欲拒还迎？想让我们接下来的配合更加死心塌地无欲无求是吗？

如果每当年初，挖掘新的潜在项目是头等大事的话，那么每到年末，追债便成了头等大事，因为这关乎团队每一个人的温饱问题。有人问：建筑师要追债吗？这不应该是经营部的工作吗？

非也。建筑师，或者是项目的负责人，是最清楚项目目前进行到什么阶段，也最清楚工作量的人，这钱追起来，有理有据，有背景有实物。所以有的时候，经营部的同事到甲方的主场追债，都不太敢单独前去，会把主专业（建筑、结构）都带在身边，如同左膀右臂，这样叉起腰来，嗓门儿才更加洪亮。

建筑师的必修课：

建筑师的追债常用方法——

1. 建筑师追债底气要足，关键节点第一时间要批文，拿着合同拿着批文，先礼后兵。
2. 追得太猛，甲方怒了，此时该经营部项目经理出场收拾残局了，安抚甲方：小罗同学太年轻，没有经验，年轻气盛，处理方式太生硬，应该批评。一个唱红脸一个唱白脸，其实是一个团队轮番上阵。
3. 项目经理退却，小罗又开始新一轮的追债……扬言不给钱，甲方就拿不到图，手握图纸有底气。
4. 几轮下来，软硬兼施，甲方腹背受敌，身心疲惫，离职了。

036
金牌冰人

为他人引荐终身伴侣，还是要谨慎。

冰人，旧时媒人的称号。明末清初戏剧家李渔在《意中缘·先订》中有云："既然如此，趁我们两个冰人在这边，就订了百年之约。"。

我有一个甲方，他两次在我最需要帮助的时候，第一时间伸出了援助之手。我一直在考虑可不可以为他做一件事，更贴切地表达我的感激之情。当我得知他至今"待字闺中"时，灵机一动，那就帮他找个女朋友吧。

话说，自从毕业之后，我从来没有当过在姻缘上帮人牵线搭桥的"冰人"。既然决定重出江湖，就要了解当代"冰人"的操作守则。不当不知道，原来当今大龄男女青年通过熟人介绍对象之前，一定要弄清楚对方的家事。

家事包括：年龄、籍贯、自己的工作、父母的工作及职位、父母住房、个人住房、有无兄弟姐妹、兄弟姐妹目前经济状况……一系列外在条件罗列排开，看得见摸得着，有理有据。有点像做设计时核对规划设计条件，我有点望而却步了，感叹现在相亲市场怎么如此复杂？自己相当于半个地下工作者，还要肩负着一眼看不穿对方秉性就强行拉郎配的风险，到头来万一害了人家姑娘（小伙儿）可怎生了得。

认真布局运筹了一个月之后，我给他介绍了一个姑娘，姑娘在医院工作，博士，独生子女，自有住房，家庭小康，同样大龄。我直到后来才知道，婚恋市场对于 30 岁以上的女性是十分不友好的，很多男方，听说女方过了 28 岁，哪怕条件比自己好许多，也会一票否决。但姑娘真的太优秀了，我的甲方，决定一见，年下恋也无妨，因为，我介绍的这姑娘是个大美女。

现代相亲，都是从微信聊天开始。看着俩人在朋友圈里互动频繁，打情骂俏，我这个“冰人”当得真是喜上眉梢。其实俩人在外表上，是非常登对的，我的甲方身长一米八，一表人才，我甚至都在幻想俩人婚礼时请我上台讲两句时的得意忘形了。

又过了一个月，相亲的姑娘忽然联系了我。首先非常感谢我，为她的婚姻大事紧密张罗，然后隐晦地对我说，有件事，不知道是不是应该告诉我。我当时第一反应是，是不是我的甲方有什么难言的隐疾，比如有些方面……不太行？不对啊，小伙子红光满面，看着还行啊。姑娘继续说，打断了我跑偏的思路。

两人在微信热聊了一个月之后确定彼此三观基本一致，决定见面。姑娘说：“第一次见面，甲方就提出了同居要求，说：“咱们彼此都这把年纪了，为了能在最短的时间磨合一下彼此性格是否对路，日后能否在同一屋檐下相敬如宾，你搬到我家来吧。”当场，把姑娘吓到了，她委婉地拒绝了对方的要求。然后，我的甲方竟然再也没主动出现过，然后就没有然后了。姑娘跑来问我意见，揣测是不是自己过于保守过于决绝，好好的一个人，怎么就失踪了呢？

我呆了半晌，无言以对。

后来，余小姐帮我分析我做“冰人”失败的原因。许多大龄还没有步入婚姻的男女，其实大多都各有各的诉求。在不充分了解对方的情况下，千万别干红娘，姻缘这东西，还是三分天注定，七分靠打拼，让他们彼此在万丈红尘中摸爬滚打吧。

世界上的事，有时候就是这么匪夷所思。甲方在半年之后忽然发了朋友圈，他跟一个新姑娘结婚了，姑娘芳龄24岁；而相亲失败的大美女姑娘，目前还在上下求索中。

建筑师的必修课：

甲方给建筑师介绍项目，建筑师给甲方介绍对象。这貌似没有什么大逆不道的，但是婚姻复杂，且行且珍惜，为他人引荐终身伴侣，还是要谨慎。有些事可以做，有些事不能做，以后但凡有给甲方介绍对象的精神头儿，还是多研究研究新变更的防火规范适用于哪些场景吧。

037
活到最后一集

甲方的人事变动是稀松平常的事。

做一个项目，历经数载，做到甲方总经理跳槽了，副总经理因病身故了，具体项目经理换了三拨儿人了，就连最基层的跑腿儿办事员都更替至少五轮了。更诡异的是，即便这样，楼到现在还没盖完……这不是什么灵异事件，经过多年来的洗礼，我的小心脏已然能坦荡承受这些项目建设中山呼海啸般的人事变动。

最近又听说，很多年前的一个业主，被抓起来了，并且判了十年……回顾我从前与他的数次交锋，最让我愤愤不平的是，项目在中标时本来设计为封闭型商业，最后被他以一己之力“扭转乾坤”，生生掰成开敞式街区型商业，弄得现在招商招得非常诡异，不是美体美容，就是泰式按摩。本来一个文化定位的项目，生生搞成了娱乐城范儿。为这事，我愤愤不平念叨快十年了。

我开始陷入沉思，甲方这种工作，难不成也算高危职业吗？为什么好好的项目，做着做着人就没了？做着做着人就进去了？还有那些数不清的曾经的“甲方小战友们”，我在怀疑他们是不是听到了什么风吹草动，不肯与“妖孽”为伍，毅然爬上“诺亚方舟”弃暗投明了？

空留下我，还在傻傻地画图，苦苦地在追讨那孱弱的设计费，并且时常恍惚惶恐，甲方公司拆分后重组，重组后拆分，都不知是哪朝哪代的设计费了。没办法，改朝换代速度过于迅猛，并且无论换成谁上台，支付设计费的流程都是一样的冗长，到账的速度都是一样慢，要追到尾款，宛若登天。

最近的一个项目，甲方换了一个新的项目经理，刚上任一周。我心说，乖乖隆地咚，想必他对他将要面临的挑战以及他司缠斗已久的豪门恩怨，剧情还没我熟悉，不知道要不要跟他事先做个前情提要，只希望他能沿着前辈甲方战斗下来的足迹，好好奋斗，努把力，争取能活到最后一集吧。

建筑师的必修课：

甲方的人事变动是稀松平常的事，有时甚至两三个月就换一拨人。作为建筑师，心态要稳，以不变应万变，做好手头的事，演练好配合交接的流程，毕竟，每一拨项目经理的到来，可能还没等到他将项目的脉门把握清楚，就下线领盒饭了。

038
稳定的情绪

每天起床告诫自己，今天可以不生气。

一个建筑师最重要的心理素质，就是拥有一个稳定的情绪。这听起来好像是件简单的事，但事实上却很难做到，因为“幺蛾子”的出现总是那么出其不意，让人措手不及。

被甲方追图，大家都遇到过。

印象最深的一次，是这样一个甲方。她的追图方式是：早上 9 点，一版图；10 点，一版图；11 点，一版图；下午 3 点，一版图……以小时为单位来追图。当时是正在调整一个户型，而她的工作，就是收集设计公司的图，然后以光速汇报给设计总监。我的心理压力非常大，因为是正在跟踪的项目，跟踪前期项目过程的艰辛与忐忑，大家都懂的，你稍微慢上半拍，后面有一个排的设计公司等着你甩手当接盘侠。我当时觉得自己像个餐厅服务员，或者只是甲方会喘气的 CAD，根本不是在做设计，而是在做设计服务。

还有一位甲方，是个小姑娘，刚刚毕业，大年初五人还在老家就生理性地抄起电话给我拜年顺便追图。当时我有一种想哭的冲动，想我一个从业七八年的建筑师，被一个刚毕业的小姑娘追图差点追哭，也挺丢人的。

去项目现场看铝板上墙，发现上墙后的铝板有的凹凸不平，顿时心生疑惑，追问施工单位，这个铝板到底做得多厚？有没有按图施工？施工单位眼神闪烁，含糊其辞，神情暧昧，顾左右而言他；甲方大老板觉得设计方选的幕墙颜色太浅了，轻描淡写地来了那么一句，用深色的吧，然后项目经理开始没完没了给设计单位施压要求变更……你说恼火不恼火。

幺蛾子天天有，层出不穷，花样万变。建筑师有一个稳定的心态，忍常人不可忍，争取不在微信群里吵架，已经成了必须修炼的心理素质。

建筑师的必修课：

我的建筑师朋友杨洲对我说，他已经二十多年没生过气了，我自叹不如。曾经有很长时间，我起床后都告诫自己：今天的目标不是完成多少工作，而是不生气！作为建筑师，责任重大，心态若是能保持平和，千金难换，求之不得。

039
建筑行业的中年危机

青春，是最大的本钱。

几日前打了个电话，询问一个设计项目的进展。接电话的甲方项目经理声音背景嘈杂，他对我说，他刚刚离职，正在外面游山玩水，接下来的后续事宜，让我联系 × 总。挂了电话，我才缓过神来翻看他的朋友圈，原来彼时他正在龙门石窟玩耍，补课自己从前落下的中国建筑史，字里行间仿佛人生重活了一次。

该项目经理今年 45 岁，我认识他十年。我曾经一度以为他可以步步为营走上人生巅峰，因为他的上级由于不明原因调走了，上上级因经济问题被抓起来了，而他这些年勤勤恳恳任劳任怨，总也该轮到他演出“甄嬛回宫”的逆袭剧情了吧？后来才知道，他部门的新科领导刚刚上任了，今年 32 岁。

他不是个案，回想起自己配合过的甲方项目经理，如今居然有半数之人“赋闲在家”，余下半数，还在原岗位挣扎，并且没有什么上升空间。

那天在甲方楼下，巧遇旧相识（旧时因项目结缘的甲方，统称旧相识）。他特别八卦地告诉我：“你还记得从前你配合过的 AAA、BBB、CCC 吗？AAA 以 45 岁‘高龄’光荣退休，现在主业是养花；BBB 以 35 岁‘高龄’光荣退休，现在主业是在家带孩子；CCC 就不说了，作为原总经理的秘书，总经理这一换岗，她直接就回去继承家业了，据说家族企业是做鞋的。”

我问：“那你怎么样？”他苦笑道，现在整个部门，他的年纪最大。他不敢早下班，不敢喊累，天天发朋友圈健身自拍短视频，煞费苦心 360° 无死角地展示身体状态与“九五后”无异：爷还可以向天再借五百年。他深知，稍微一疏忽，就会被年薪是他三分之一、又便宜又好用、随时撸起袖子准备通宵的管培生所取代。

说完，他向我挥了挥手转身离去，我望着他在健身房锤炼出来的倒三角身形，怔了半晌。

建筑师的必修课：

青春，是当今建筑行业最大的本钱，但每个人都会有不再青春年少的那一天。于是，我们要修炼一套足以安身立命的本事，那些需要时间、阅历积攒下来的不可复制且难以速成的功夫。要做杨逍，绝世武功傍身，就算很多年过去了，江湖上听到光明左使的名字，依旧让人闻风丧胆。

040
专治“凡尔赛”

既然狭路相逢，干就完了。

给车加油，前面那排油枪的大哥兴致勃勃跑来跟我搭讪：“你知道吗？你这台零几年的蒙迪欧，跑起来跟我的大奔一样稳。”

我一时分不清楚他是不是在“凡尔赛”我……

仿佛一夜之间，“凡尔赛”文学流行了起来，何谓“凡尔赛”文学？就是欲扬先抑，明贬暗褒，声东击西，360° 无死角地展示优越感。

话说，建筑行业也有其讳莫如深的“凡尔赛”文学。

比如以下画面想必大家都有所耳闻，一个潜在的项目信息问世，你刚要介入设计，结果第三方设计单位通过各种中间人传递风声，他司已经跟踪这个项目两个月了；这还不算完，电话刚撂下，第四方设计单位又登门造访，想要合作又充满了挑衅，言语之间透露着，这建筑方案是奔啵儿霸做的，奔啵儿霸是他们长期战略合作方，穿一条裤子，初设和施工图肯定是他们的，让我们不要浪费时间了。你看，图还没开始画，小三小四，已经打上门了。

大家几轮过招推手明争暗斗之后，甲方放出风声，让大家别互相较劲了，这次要公开招标。好嘛，这一公开招标，一下子报名了80多家。万鱼入池，大家一起歇菜。

于是，甄别“凡尔赛”文学成了行走江湖必备的生存技能，因为冷不丁就会在万丈红尘里遭遇那么一下，打乱己方阵脚。项目小，妖风大，真是防不胜防。

建筑师的必修课：

治“凡尔赛”，我有小办法，每次要介入一个新项目之前可以先自问两个问题：

1. 到底想不想干？

2. 有没有人干？

如果以上回答都是肯定的，那还纠结什么，管你什么“凡尔赛”，既然狭路相逢，干就完了。

第五章　方法进化论

每一次的小成功和小失败，都是宝贵的人生财富。阅历的积累，让我们被迫有了应对工作、适应生存的好办法，好的方法如同开了外挂，愿你在成长的过程中，心无旁骛，遍地开挂。

041
一地鸡毛不可怕

建筑师从容应对琐事缠身的四大法宝。

我们每天都被各种各样的小事占用着时间。作为一个建筑师，把本该画图的时间，本该处理项目中遇到问题的时间，消耗在五花八门的“无效沟通”“忽然来访”“大小会议”之中，而真正用来考虑设计细节，解决设计中疑难杂症的时间，往往被压缩到了下班之后。每日夜幕降临，才能气不盈息，沉密神采，如对至尊，步入正题。正如我的“审定姐姐”所言，这不是生生地把公活儿干成了私活儿了吗?

每天24小时，去除睡觉时间8小时，通勤时间2小时，三餐时间1.5小时。看上去每天至少有10个小时可以用来工作。但这10个小时里，真正高效利用的时间，最多2~3小时，这一息尚存的2~3小时，才是实打实“出活儿”的时间。当然，睡觉时间因人而异，我是一定要睡满8小时的，否则皮肤暗沉，脑子不清醒。

应对上述困境，我通常有以下应对方法：

1. 制订计划。

制订计划是让自己一目了然地知晓一日的工作内容有哪些，要见哪些人，哪些项目接近最后期限，这是一个宏观的计划。

2. 项目管理三步走。

这是许多人做设计管理时最常用的方法。将计划表内一日要做的事项分步，逐一剖解：

（1）哪些项目是最重要的？

（2）最重要的项目中哪些问题是最亟需解决的？

（3）亟需解决的问题突破点在哪里？

3. 预约来访。

我们时常被突发性的登门造访所打扰，据统计，一次专注被打断，需要至少 20 分钟的时间来调整，才能重新回到专注状态，由专注到产生设计灵感，又是非常漫长的过程。在思考中被打断，无疑是最致命的。预防打断，提倡预约，尽量规避突如其来的“破门而入”。

4. 一次只做一件事。

从前听朋友说起，有一个处理纷杂小事的有效方法，叫作“眼前唯一”。何谓“眼前唯一”？即是，一次，只专注做一件事。这个方法我自己用起来非常有效，每当排山倒海的小事倾泻而来，我们要做的，就是一件一件，处理它。做到：此刻，手上，眼前，只做一件事。完成了一件，才开展下一件。

鸡毛不可怕，鸡毛成堆就有点吓人了。不要怕，让我们通过上述方法，将鸡毛一根根地化整为零，变废为宝，一地鸡毛总会变成一个鸡毛掸子的。

建筑师的必修课：

1. 制订计划。

2. 把项目分级。

3. 预约来访。

4. 一次只做一件事。

解决一地鸡毛的问题，四大法宝搞起来。

042
高产时间

一个人所有的闪光点，几乎都来源于这点滴却珍贵的“高产时间”。

看一位建筑师的专访，其中有一个细节，每日早晨开工之前，他会出现在办公室楼下的咖啡店，除了咖啡饱肚之外，他在这里，写下他这一天的计划与安排。这个场景，给了我些许提示，原来有人是在清晨做计划的。

而我自己，是一个习惯在临睡前做计划的人，我无法接受第二天醒来，便陷入不知道这一天到底要做什么的无所适从。然后，在接下来的一整天里，将前一天晚间制订的这些计划逐个打卡完成。如果恰好幸运地能在夜幕降临之前完成所有的工作，那么晚上的时间，就变得弥足珍贵起来，因为，这是自己的时间，也就是我们踏破铁鞋的“高产时间”。

只有在“高产时间”里，才能真正出活儿，一个人所有的闪光点，几乎都来源于这点滴却珍贵的“高产时间”。在这段时间，你的创造力是无限的，精力也是最旺盛的。这是提高自己，也是让你的努力从量变带来质变的黄金时间。

“高产时间”是否可以与工作有交集？当然可以！如果你把你的“高产时间”用来实现你业务上的“翻盘”，这是最佳的时机。

我曾经约一个圈内的“腕儿”谈事儿，他把我们见面的时间，精确到17:45—18:25，边吃边聊。我心里嘀咕，有必要这样吗？我约的是明星吗？

后来见了面，他给我看他一天的计划表，我发现，他的一天，一共排了15件事，午餐晚餐基本靠盒饭，所以，见人的时间，需要准确到每分每秒。其实这样也好，大家目标明确，干净利落，行走江湖，不浪费彼此的时间。他很少在晚上参加商务宴请，每天的18:00以后，就是他的“高产时间”，白天杂事纷扰，所有的创作，几乎都是在夜幕降临之后完成的。

如何能顺利腾挪出“高产时间”，计划就变得尤为重要，它会让你在最短的时间内，鞭策自己尽快完成必须要完成的琐碎工作，然后，让你有条不紊地训练那些可能带来附加值的能力。

“一个人要像一支队伍。”管理好自己是一件不轻松的事，需要有所为有所不为。跟着感觉走，每天活出自我固然令人艳羡，但仗剑天涯需要周密的计划，慎独与忍耐，冷静而克制，以及剑拔出鞘时的果断。

建筑师的必修课：

做一个简单的计划至少包含四大部分。

1. 写下你今天必须要完成的事（1、2、3、4、5……）。

2. 以高效的方法完成这些必做事宜。

3. 认真观察，合理挖掘什么时段是属于你的“高产时间”。

4. 写下你在“高产时间”需要修炼的“附加值”。

然后，照做，日复一日。

043
思维导图进行时

思维导图，是为当今读书学习技能修炼的利器。

发现思维导图这个神器之前，我一直是“Excel”的忠实信徒。我对一切层次分明、井井有条的东西充满了好感，我并不是处女座，但我热爱分类、整理、归纳，并将这一切习惯运用到我的学习工作中去。

引我入行的竟然是一个 7 岁的男孩。那天我发现了好友的一条非同寻常的朋友圈，内容是她的儿子把小学二年级的数学知识整理成了一张密密麻麻的思维导图。当然，我知道这背后的力量来自于孩子的妈妈，但如此闪耀着理性光辉的东西，着实让我这个三十大几的老阿姨看得心驰神往。

就这样，我意外地走进了思维导图的世界。我从前是一个很喜欢在书页周边写批注的人。每当拿到一本书，首先要通读，在通读的过程中，需要在书页空白处记录大量的笔记，笔记的形成是琐碎的，还需要整理，整理的过程让自己融入于作者的所思所想，与作者共同思考形成互动。但是这种方法，有一疏漏，我往往会抓住书中一个或者几个点，来深入展开写书评，而整本书的脉络其实在潜意识里仍旧处于混沌状态。思维导图拯救了我，框架清晰，脉络完整，并逐渐替代了我的读书笔记。

无论是文学类书籍或者应用知识类书籍，我们都不要小看图书的目录，几乎所有的图书目录都隐藏着作者基于整本书的逻辑与线索，这就是作者的写作思路，也是书中知识逐渐展开的轨迹。目录，其实就是初阶的思维导图。

思维导图大法对刷大部头理论书籍非常的奏效，可专攻“超重”书籍。我用思维导图大法已经攻读完毕《中国美术史》《外国美术史》《中国书法史》三本大部头，接下来《中国建筑史》《外国建筑史》的深入重读将是我的盘中菜，我已经准备好调羹、筷子、刀与叉，把这些个看着原本让人无从下手的理论书籍，盛到碗里来。

建筑师的必修课：

以读书为例简要介绍一下思维导图的应用，看了以下内容应该人人都可以上手。

1. 挑选一本喜爱的书，将这本书的目录作为思维导图的一阶分类标题。

2. 将每个章节再细分的小节，作为二阶子标题。

以上两个步骤，可以让你对整本书的脉络与叙事方式有一个宏观的了解：这本书在讲什么？怎么讲？

3. 通读。在通读的过程中，如果发现二阶子标题在文章中再分小标题，按照作者的分论点将三阶、四阶子标题进行提炼。这一步，是隐性脉络的梳理阶段，因为在三阶、四阶子标题中作者也许不会进行分点论述，而是需要你在阅读中理解并找出关键点进行提炼。

自此，微观脉络基本呈现。下面我们可以进入精读。

4. 精读的过程中，可以在思维导图里把个人想法添加进去，比如读到这一小节的这一段我想到了什么？我是怎么理解这一段的内容的？

5. 充分利用颜色、星标、数字标进行“醒目提示”。把你认为的重点，用星标标记在子标题的最前面。

6. 每一章读完，要对着自己整理的思维导图进行复盘、回顾。整本书读完，再进行全体章节的复盘、回顾。

完成以上6个步骤，哪怕是在多年之后，我们想回顾这本书到底讲了些什么，或是彼时的所思所想，也可以轻松地从思维导图中得到答案。

044 复盘的魔法

无论项目成败，复盘，都是收尾工作中的重要一环。

复盘，来自于围棋术语，在棋局结束之后，对弈者为了更全面分析整个棋局的成败历程，会将过程中的每一步进行拆解，重新摆上那么一次，哪一步走得对？哪一步其实还可以这样走？总结经验。因为，如果再遭遇同一个对手，套路知晓一二，下手便多些底气。

相对于计划的制订与实施，复盘也是我经常会做的一件事。

每一个项目，从开始阶段的暧昧不清，到逐步推进的月朗星明，结局无论是差强人意，还是有所惊喜，整个过程都不是由幸运与否或者成事概率来决定的，中间许多的环节，蕴藏着解题密码，再由这些个密码重重交错而形成最后的结局。

我的朋友 V 前阵子买到了她在上海的梦想之屋，她在复盘之后深吸一口气，告诉我：在整个买房的过程中，如果有一个环节出现一点差错，她的这个房子都是买不成的。是的，在她精心地运筹帷幄之下，她和她的先生拿下了小区的“楼王”。

无论项目成败，复盘，都是收尾工作中的重要一环。复盘不等同于总结，而是将整个项目的运作过程进行思维导图式梳理。由一生二，二生三，三生万物，每一种枝杈都蕴藏着多种可能，多米诺骨牌层层叠叠，在运行的过程中，这个项目是往其中一种可能奔赴而去，但其他的可能性，也许会呈现在下一个项目中。

在不顺利的时候，努力规避风险；在如有神助的时候，总结是什么使事态能顺利发展到这样一步。经验不是靠着每一次的经历简单积攒出来的，真实的工作和生活中需要我们在有限的经历中，提炼出核心价值，来迎接一次又一次新的挑战。

建筑师的必修课：

复盘有四大方法：回顾—分析—总结—再实践。

1. 回顾全程：回顾整个项目的过程，从前期到竣工梳理回忆。
2. 精细化分析：分析过程与细节，产生的原因、经过、结果，多问为什么？
3. 总结：从“为什么”到“怎么办”，总结经验吸取教训。
4. 再实践：所有的分析，都是为了二次实践，从第一座医院到第二座医院，从第一所中学到第二所中学，从第一座超高层到第二座超高层……所有复盘都是为了再一次的实践之时，心中胸有成竹，笔下游刃有余。

不要懒惰，及时总结。我们日常可以从小规模的复盘做起，睡前，在脑海中，给汹涌澎湃的一天复个盘吧。

045
耐得住寂寞

专注于自己的领域，尽量减少三心二意。

高中时我有一个可爱的数学老师，那时候他刚刚大学毕业，比我们大不了几岁，混在同学们之间就是“孩子王”。现在想来，他此刻的身份已经是有着20年教龄的重点高中数学老师了，慕名前来的孩子应该乌泱乌泱的，家里门槛儿想必都被踏破了吧？

当初他虽然每天上蹿下跳，不如其他教师那样看起来“稳重”且压得住阵，但却留下了一句让我至今印象深刻的金句：人，是要耐得住寂寞的。

时至今日，做建筑师已15年，我自认为在耐得住寂寞的方面，修炼得还是不够好。稍微一个风吹草动，我的心思就开始荡漾了起来。在这一点上，要向结构男学习。

我经常发现，无论什么级别的结构男，从工作一年到工作三十年，办公桌面的风格都相差无几，不是摆得整整齐齐的白皮规范，就是厚厚的蓝图和联系单，他们手握计算器，就会把“牢”底坐穿；下工地，他们是最频繁的，终日里兢兢业业风尘仆仆，就没看过一个结构男的皮鞋有锃亮的时候。

再反观建筑师们，心思太活络：今儿咱们去办个展吧？明儿要不要去组个乐队？后儿开个微店吧？万丈红尘，实在是耐不住寂寞，花心，是病，得治。

有时候，我们不假思索地跨界，殊不知，也许就是这东一榔头西一棒子，泯灭了我们专心致志做建筑的热情，荒废了我们本应该精进的东西。我时常也会劝诫一下自己，让自己收收心。花花世界，鸳鸯蝴蝶，在人间已是颠，何苦要上青天？你什么都想要，什么都染指，雨露均沾倒不如沉浸于一事，钻研下去。

沉浸，专注，慎独，投入，所有心思汇聚于一处，也就是我们常说的“此刻唯一”。

“此刻唯一”专治一切朝三暮四，我们需要专注，把眼前唯一要解决的事情折腾明朗了。要“磕”一个学术课题，就专注地“磕”你要研究的领域，排除杂念，进入无我之世界；要攻克一个技术上的难关，就掘地三尺找寻相关案例，挖掘突破口以及反转的可能性。人们时常会不理解，这些执拗的人在自己设计的庙中禁锢，待得还不够烦闷吗？哪知道，耐得住寂寞的人，往往不是被迫地钻研搞创作，他修炼的每一分钟，自己都乐在其中。

不过，一个突如其来的事件，让我对结构男的“此刻唯一”功能产生了怀疑。某结构男的太太也是一位建筑师，她打电话告诉我，她发现那个平时不爱说话的家伙，竟然偷偷打赏女主播，问我，她要不要此时揭竿而起，还我漂漂拳镇压他？我劝她，冷静，结构不易，且行且珍惜。

其实我的内心戏是，结构男们耐不住寂寞八成是有原因的，是建筑的跨度不够大，还是现有的出挑不够多，导致间歇性精力过剩？这个简单，我们建筑师来治，解铃还须系铃人，心病还须心药医。

建筑师的必修课：

1. 专注于自己的领域，尽量减少三心二意，在有限的时间内，只有集中火力进攻一点，才能最快地攻破关卡。
2. 享受寂寞，适应寂寞，天将降大任于斯人也，必先耐得住寂寞。

046
择一事，而精进

跨界，不是你此刻该想的事。

一早，看了一下日程表，一共有四件需要与他人合作完成的待办事宜：规划局开会，看地，施工单位约了要碰现场的事，给两个项目组开会推进进度。这些都搞定之后，发现原本自己手上的图还一点没画，我陷入了深深的自责，疲倦感排山倒海。

焦头烂额之际，一本书拯救了我不知所措的灵魂，美国作家加里·凯勒和杰伊·帕帕森所著的奇书——《最重要的事只有一件》。

这本书的宗旨可以简化成一句：无论这一天有多少事情需要处理，对你自己而言，最重要的的事只有一件。专注把这件事做完美才是最重要的。

在此之前，我喜欢把待办事项分级：

哪些事项是一级问题，要立刻马上解决；

哪些事项是二级问题，不需要马上解决但必须有进展，或维持现状稳步推进；

哪些事项是三级问题，可做可不做，可有亦可无。

对于一级问题，值得我们暂时放下二三级问题而火力全开去攻克它；

对于二级问题，我们可以在解决好一级问题的前提之下，见缝插针地推进它；

而对于三级问题，是那些可做可不做的事，可爱又爱不爱无所谓的人，就不要浪费我们的时间了。

但读到《最重要的事只有一件》后，茅塞再次顿开，我们永远是做不完手头的事情的，无论优先级别高低，待办事项的件数并没有减少。对建筑师而言，项目中总有层出不穷此起彼伏的“幺蛾子”等待我们去补救。只是把事情简单地分级是远远不够的，虽然每日要处理的事情千千万，但肯定有一件事是最重要的事。

于是，我开始在每日工作之前挖出那件最重要的事。什么是最重要的事？

1. 这件事情不解决，所有事情无法推进；

2. 这件事不处理，严重影响前进的动力，甚至会让选择翻盘。

当然，拖延症不在此讨论范畴，因为我一直认为一个成熟稳定的成年人，哪还会犯有拖延症的毛病，就算有，可能也早就被工程项目的“毒打”而纠正过来了。

梳理完自己一日中最重要的事，我们需要以一天为立足点，放眼一周、一个月、一年、十年，甚至一生，我们是不是常常被一团琐事所禁锢？那在我们的一生中，是不是最重要的事也只有一件呢？这需要深入去思考，在我们有限的生命里，什么，才是最重要的？什么，才是自己最应该珍惜的？

但这个真的是因人而异：有的人认为“自我”是最重要的，遵从自己的本心，是一生要追求的终极生存状态，千金难买我乐意，人活着，就是图一乐；有的人认为“实现自身价值”才最重要的，做一个拥有理想的人，然后全情投入努力去实现理想；还有的人认为，让自己有能力去帮助别人，才是活着的意义之所在，通过不断的努力，让自己成为那个对他人有价值的人……

无论怎样，我们都要努力找到自己生命中，哪怕自己认为的、最重要的一件事。

择一事，而精进。

建筑师的必修课:

1. 如果你还是一名建筑系的学生，那完成你的学业对你来说，是最重要的事。优异的成绩因人而异，你的底线是要完成，读书时切忌三心二意，跨界，不是你此刻该想的事。
2. 如果你继续想在建筑这个行业里深耕，那你做每一件事之前，都要审视：此时，你正在做的工作内容，是否能推动你成为一个“合格乃至优秀的建筑师”这个目标，如果不是，尽量少做，或者不做。

047
记录，记录，再记录

大事小事，事无巨细，养成习惯，通通记录下来。

我是一个热爱使用手机记事本的人，每天的各种大事小事，都记录在这一个系统自带的“傻瓜”程序中，导致常常被人误解成一个工作时不停按手机的人。但，这真的是在记录。记录对我来说太重要了。

不需要花哨的功能，不需要烦琐地注册，仅仅用自带软件，开始“记记记”之旅。记下来的事项，一个个去落实，一件件去解决，各个击破。

后来，仅仅拿着手机记录还不过瘾，我把这习惯延伸到了整理会议纪要这件事。从前，我都是习惯在会议上录音，散会之后再认真整理汇报或者沟通时的会议纪要。但后来发现这种方法太过于浪费时间，干脆带上两个笔记本电脑，一个用来演示 PPT，另一个用来现场写下会议纪要。这架势挺唬人的，时常让甲方觉得我用力过猛。我真是为了工作效率煞费苦心，多年的磨炼终于成了一名平平无奇的处理杂事小天才。

我一直羡慕记忆力特别好的人，有的是天生的，有的是后天练成的，过目不忘，条理清晰。我不行。我脑子里常年缠绕着混沌毛线，必须通过条理清晰的记录，才能把这一团毛线舒展解开。

也不知道哪位大仙说的“所谓靠谱的人，就是凡事有交代，件件有着落，事事有回音”，为了让自己成为一个靠谱的建筑师，我只能不停地记录。脑子不好使，烂笔头来凑。记录与整理，是我每日在工作中重复做的事，竟然也没有一丝倦怠，兴致盎然地履行了这么多年。

因为记录，世界上就不再有健忘这件事。当然，除了记录，也不要轻易删除工作微信，难保哪天某个陈芝麻烂谷子的项目忽然起了什么幺蛾子。一部手机，相当于一个小型移动硬盘。我曾半开玩笑地说：“我删了一个甲方，手机里猛然腾出了 5GB 空间”。

建筑师的必修课：

大事小事，事无巨细，养成习惯，通通记录下来。时间紧任务急，不需要花哨的手帐，必要时手机记事本也能操练起来，你会发现，那些不经意间的记录，挽救了我们多少次的危机。

048
化输入为输出

对于建筑师这个职业，输入是无止境的。

深夜读书，书中写到宋四家，进士出身的苏轼、黄庭坚、蔡襄一生宦海浮沉，不能自主；只有米芾置身事外，疯疯癫癫，活在自己的世界里。米芾说黄庭坚是“描字”，苏轼是“画字”，而自己是“刷字”。他有洁癖，喜欢奇装异服，一生与世无争，自我定位精准。

写字，无疑，是笔者情怀的输出。

每年看各省的高考作文，有些命题虽晦涩，但总体上感觉不难写成高分作文。我产生了些许疑惑，为什么学生们会觉得作文是老大难？今日忽然顿悟，我们所认为的举重若轻信手拈来，是基于几十年的人生阅历，这是岁月沉淀而成的，而对于一个 18 岁的少年，我们凭什么要求他们提笔就能书写出行云流水般的深明大义呢？

写作，无疑，是人生经历的输出。

建筑师是需要天赋的，这天赋很大程度是一个人对待客观事物的“敏感度”。要求一个人，看山不是山，看水不是水。建筑设计的过程中，需要用这与生俱来的“敏感度”驾驭澎湃不息的灵魂。很遗憾，敏感，不能训练，敏感是天生的。而且，高度拥有“敏感度”的人，不太容易快乐。

我们在考察建筑的时候，有共鸣难能可贵，而更难能可贵的是，发现在设计的处理中有观点相左的细节，它引发了我们的思考，让我们不再一味地对经典点头称是。我们有时甚至不顾后果地用决绝的勇气，开启一场“突然的自我”，思辨，化输入，为输出。

而作为建筑师最欣慰的事，莫过于设计的房子营造的空间改变了人们的生活，给他人以慰藉。我们通过不断地输入（阅读、研究、考察、实践、复盘）保持着造血功能，并把输入积聚的力量用于当下的设计中，持续地思考，再输入与再输出。

在输入的过程中，有一些灵光乍现的东西，不记录下来很快就会遗忘，需要马上把它们记下来。管它是精华，还是一堆糟粕，先记下来以后再说。记忆力会随着年纪的增长而渐渐平庸，许多事情记不住，就用笔、影像、音频记录下来。想到什么马上就记，过了半天，就不再是当时的心境。夜里想到什么，也要马上爬起来，因为起床后这些火花也许就会泯灭得一干二净。

建筑师的必修课：

保持持续地输入，通过阅读、研究、考察、实践、复盘等一切形式，提取一切碎片时间进行输入，对于建筑师这个职业，输入是无止境的，输入“10”，可能才输出“1”。输入之后的输出整理，才能让这些营养逐渐消化成属于你自己的功力。

049
顺势而为

兴趣是最好的老师。

近期，大批建筑学专业国外高校毕业生回流，铺天盖地来势汹汹。比如，最近来了一个留英归来的女生，最大的特点是：真好看呀！好看到什么程度呢？男同事不清楚，我每天看到她，都会精神头倍儿足，工作效率能提高不少。

面试前看到她履历的时候，有些意外，社会实践一栏，赫然写着，曾经在课余时间担任酒吧驻唱歌手，看到这一点，我的内心竟然泛起了一丝好感，一个热爱音乐的人，一定是一个浪漫的人，一个浪漫的人，做设计应该不会很差，我甚至开始期待面试时她是否能够自带吉他弹奏一曲。

这是一个热情洋溢的女生，她走进房间的那一刻，阳光都顺道被她带了进来。她并没有自带吉他，也没有打印作品集，而是带了一台笔记本电脑，坐到我身边来，为我展示并介绍自己在校时做的设计。

正式开始工作之后，我发现她是一个从来不午休的人，真的很羡慕这种没有午休习惯的人，仿佛每天的 24 小时又多出来 1 小时一样。每到中午，她都会坐在会议室的落地窗前练习钢笔速写，画窗外鸟瞰视角的每一幢建筑，画远方的城市，甚至还有自己想象的城市空间。我后来问她是不是真的很爱画画？她说，画画对于她来说，相当于别人看剧听戏，算是休息，如呼吸般自然，这是她的爱好。

不知不觉，她又画完了一个速写本。

兴趣永远是最好的老师。任何外界的推动力都不如主动去做一件事来得排山倒海石破天惊。什么是兴趣呢？就是但凡你有一点时间，都想要做这件事，没有时间的话，挤出时间也要做。给不给钱都要做，倒贴也要做。跟喜欢一个人一样，所以，兴趣的力量是无穷的。

建筑师的必修课：

找到你的兴趣，然后，你需要做的，只是顺势而为。

050
衰年变法

不要满足于一时成就，要一变百变。

一个建筑师的设计风格常常千变万化：青年时期，中年时期，晚年时期，一变再变，有时甚至完全看不出是一个人做的活儿；又或者，他在同一时期的设计风格，时而中规中矩，时而剑走偏锋，甚至根据业主需求，你想新古典，咱就新古典；你想装饰艺术，咱就装饰艺术；你想新中式，咱就搞个亭台水榭。

于是，“变”，在建筑师的辞典里，成了一个十分暧昧的词，有的时候，它代表着进步与颠覆，有的时候，它还可能成为建筑师是否保持底线的评价标准。

文人治学特别注重“传承”“师承”这类说法，但现代教育中，一直没有停止对“变”的探索。一步一步向前走，敢于“变法”，敢于“维新”。

一代宗师齐白石先生，一生作画数以万计，而他最为著名的“衰年变法”，是年过五旬开始的。那时的白石老人对自己的工笔画越来越不满意，从二十几岁学画，近三十年，想要彻底突破，难度可想而知。

多少个日夜思索难眠，几经努力钻研实践，让他老人家终于悟出“大笔墨之画难得形似，纤细笔墨之画难得传神”“作画妙在似与不似之间，太似为媚俗，不似为欺世”。他把自己的心得体会，传授给弟子娄师白：“书画之事不要满足于一时成就，要一变百变，才能独具一格。”

“外师造化，中得心源”是中国画的灵魂语录。我们每一次对外界、对自然的摹习，这些输入最终领悟出“真金”，去粗取精，去伪存真，师“造化”，得“心源”。“造化”在变，“心源”则理应也会变。许多知识需要慢慢吸收，许多习惯需要慢慢养成，一成不变会禁锢艺术自由的灵魂，输入为了打破停滞；求变，则是古往今来艺术发展的动力。

书画是，建筑亦然。

建筑师的必修课：

1. 在还没有找到自己的设计风格的时候，可以进行多种风格的尝试、探索与创新。
2. 不要故步自封，要不断地探索，消化与沉淀，沉稳中求变。

第六章　痛定可思痛

事业是一个人安身立命之本。人们常困惑，何谓工作？何谓事业？

事业是你在挣扎徘徊精疲力竭之时，依旧可以抬头仰望的白月光。

事业，是信仰。

051
请再慢一点

节奏放缓下来，欲速则不达。

我有一个弱点：凡事求穷尽。

这可能同与生俱来的性格有关。如果立下一个目标，我会使尽千般努力想方设法去实现它；如果遇到一个困难，绝不会轻言退缩，我会迎难而上，跋山涉水也要攻克它；我从来没有暗恋过什么人，遇到喜欢的，不用迂回几个回合，当场就告诉他了。

这些年来，事无巨细，活成了一个行走的机器。好像自己的体内预先设定好程序在运行，眼前在做什么，未来要做什么，解决什么问题，想到了，便马上去做，我的心，永远是万马奔腾。这种行为模式有其优点，那就是使命必达，脑门儿上仿佛贴了三个字“不好惹”，甲方不敢欺负我，配合方不敢忽悠我。但有的时候，却伴随着许多难以名状的“隐疾”。

直到有一日，一个声音在背后提醒我：慢一点，凡事慢一点。是的，这是我内心深处的声音。时间与阅历让我逐渐参悟了《论语》中那句经典的“欲速则不达”。许多事情，需要用足够的时间来让它生长，射出去子弹，需要飞一会儿的。

宿命论从某种意义来讲，是有其理论基础的。何谓宿命？你的性格即是你的宿命。性格决定命运，性格的驱使让你仿佛沿着命运设定好的轨迹前行。性格是很难改变的，看起来，我们好像是被命运牵着鼻子走，但每一次的选择，都真实地掌握在自己手里。

于是，我学会了等待，并让等待变成了一件幸福的事。我开始慢慢读一本书，我开始放慢脚步，我开始试图说服业主我们是否可以再慢一点……仿佛眼前的一切都慢了下来，而纵观长距离的赛道，速度并没有变慢。如果用时间与路程组成的 x、y 轴来诠释这一过程的话，在整个象限里，“慢一点”不仅让我绕过了许多弯道，而且还让我变成了一个目的地更加清晰、直奔终点的跑者。

当然，我们有时也会因为外界的不稳定因素，产生自我怀疑，并陷入一种自我否定的坏情绪中。这种坏情绪可以有，但要尽快抽离。将时时刻刻的百米冲刺，化为细水长流的长距离马拉松，你否定你的，我还是我。华山不行，还有峨眉山，青城派不行，还有崆峒派，少林不行，还有无忌哥哥和光明顶。

建筑师的必修课：

凡事慢一点，欲速则不达。要以长远的眼光看问题，有时你面对的挫折与不如意，也许是上天在以另一种方式来拯救你。

052
稳定而克制

一个稳定的情绪，对建筑师的工作尤为重要。

每年的生日开场白都是出奇的一致，中国移动第一时间在手机里为我送上热忱的生日祝福。言语之关切暧昧，换个名字就可以心动不已。

也就在前一天，施工图会审，施工交底。业主、设计、监理、施工四方会议。在本来不大的会议室里，挤了二十多个人，对着几百张施工图各执一词，唇枪舌剑。

当建筑师，是磨炼体力和心智的，情绪调节提到了前线。也是在这一年，我走进了书法的世界，并且日日笔耕不辍，“强迫”身边的人欣赏我各种碑帖的临摹拙品：颜体是否写得雄浑？欧体有没有写出“高雅”的滋味？褚体有没有还原出褚遂良先生的浪漫与不羁？除了主攻《九成宫》之外日日换贴分别练习，乐不思蜀。甚至仗着自己的兴趣，还剑走偏锋地自我钻研去写了一段魏碑。

后来杨洲实在看不下去了，告诉我魏碑妙在结体自在朴拙，不在方头方脑，一般在“郑文公”进门，“张黑女”和“张猛龙”提高，最后再用《张迁碑》练力气，我这是上来就搬杠铃，也不用“郑文公”先压压腿。

书法是什么？书法只是一个载体，它的另一面是规矩与克制。很多你解释不了的问题，想不通的事，以书法临习，迎刃而解。克制，是我们一生要修炼的一种技能。

一个稳定的情绪，对建筑师的工作太为重要，突发事件太多，棘手的情况宛若天天身处于悬崖边，稍微一不留神，就奔赴了万丈深渊而不自知。

建筑师的必修课：

偶然发现许多建筑师都沉浸在书与字的海洋，不是没有原因的。在刀光剑影的建筑江湖中觅得一良隅，修炼稳定而克制的心绪，是建筑师都要经历的沉淀过程。遇事学会了放一放，再看。凡事，不必立刻追它个水落石出，凡话，无须马上都要说它个清澈明净。有一种“退”，叫作“进”，稳定下来，会有不一样的结果与变化。

053
李诚成长记

以建筑专业为坐标，去拓展专业的外沿。

我的朋友余小姐最近苦读宋徽宗的传记，顺便为我普及了徽宗对李诫的知遇之恩。

徽宗为端王时，李诫为其督造王府；

徽宗登基，李诫完成《营造法式》；

徽宗喜欢李诫画作，李诫就画了《五马图》进呈；

徽宗告诉李诫，做建筑，一定要采用高质量的材料；

徽宗登基前，李诫混迹官场 15 年默默无闻，在徽宗的青睐与提拔之下，设计、施工、监理于一身的李诫，最后……官至将作监（从三品）。

宋徽宗，赵佶，做皇帝，实在做得不怎么样；做男人，他的“九嫔”“二十七世妇”“八十一御妻”，莺莺燕燕我看他也忙活不过来，不提也罢。但这些真的一点儿也不妨碍他当个艺术家。他笔下的汴梁宣德门，仙鹤盘旋，大面积石青背景铺色，美轮美奂。

从艺术的角度出发，看似是宋徽宗与李诫的惺惺相惜，而实则不然，李家父辈，在朝为官六十年，兄长也是龙图阁直学士，锦衣玉食书香晕染。造房子，让他从万千官吏中脱颖而出（人还是要有特长的），成功地吸引了宋哲宗和宋徽宗的注意，李诫主持营造了彼时朝中最重要的皇家建筑群。

李诫同时作为跨界作家，写了非常多的书：《续山海经》《琵琶录》《续同姓名录》《马经》《六博经》《古篆说文》，而唯有《营造法式》让其名垂了青史。《营造法式》起先由宋哲宗下旨编撰，但宋哲宗英年早逝，待完成时，宋徽宗已然走上了历史的舞台。

惺惺惜惺惺，伯牙遇知己。世界上有才华的人常有，伯乐却不常有。想要成事儿，才华与际遇不可缺一。

建筑师的必修课：

1. 在建筑领域深耕，不要停止创作，量变才有可能产生质量。
2. 以建筑为坐标，去拓展专业的外沿。建筑专业是你熟悉的领域，像李诫一样，造房子的同时，动手画、写文章、做监理、艺多不压身，尽最大的可能去才华横溢。

如果有幸遇到赏识你的知己——偏爱于你的甲方，请倍加珍惜。

054
平衡是个伪命题

冷静思考一下，什么才是你想要的，什么才是对你来说最重要的。

在我的新书分享会上，曾经有过这样一个场景，一位女建筑师向我提问：“我是一个建筑师，同时，也是一个妈妈，我平时真的太忙了，每天要画图画到深夜，我根本没有时间陪伴我的孩子，我该如何平衡事业与家庭，我真的太难了。”

我给她讲了几个故事。

第一个故事，我有一个女甲方，三年之内，从普通项目建筑师，当上了设计部总经理，这看起来，几乎是不可能完成的事。她的同事告诉我，她生完孩子，就从乙方队伍出来投身甲方，孩子直接送回乡下父母家，她天天加班到深夜全力打拼事业。我们都纷纷感叹，这女人是干大事的女人，如此“心狠手辣”，普通母亲做不到。

第二个故事，某国家级重点项目，甲方的项目负责人是个身怀六甲的母亲，项目最紧张的两个月里，她挺着大肚子加班，每天干到深夜，她在现场坐镇，她不走，没有一个男人敢走。后来项目顺利完工，她一战成名，现在已经是副区长了。

第三个故事，也是国家级重点项目，项目水深火热胶着一团之时，女项目负责人临危受命，恰巧彼时，她的母亲住进了ICU，她医院工地两边跑，项目全过程坚持在第一线，带领团队奋战不息。

第四个故事，我有一个长期合作的收废品的大姐，大姐上午九点之前，出摊儿卖煎饼，我常年是她的食客；九点之后，大姐驾驶三轮车流动收废品。大姐告诉我，她还有菲律宾的项目，经营得很好。我望着她挑起200斤废品的背影，气息稳定，步伐矫健，深感这就是我身边了不起的女性。

讲这些，不是让我们都成为她们，因为上面的“英雄事迹”，真不是我等俗世江湖儿女所能为之。我只是想说，世界上没有平衡这回事，面对事业和家庭两座大山，在需要选择的时候，她们选择了自己真正想要的东西或是被迫为生活弯下了腰。至少在那一刻，她们认为这才是重要的。

四个故事的结局都还不错，设计部总经理通过三年的拼搏，买了大房子，在孩子要上幼儿园的时候，把孩子接回了自己身边；女区长的事业蒸蒸日上，现在已经怀上了二胎；女项目负责人的重点项目已经出图了，她的母亲已经康复出院；收废品大姐继续开拓业务，早上出完摊儿后白天是网约车司机，节假日走街串巷继续收废品，她的小女儿今年高考，考上了一所985大学。

世间根本没有平衡二字，中年人，都是负重前行。

建筑师的必修课：

当我们遭遇千载难逢的所谓“机遇”，认为这件事非你不可的时候，冷静思考一下，什么才是你想要的，什么才是对你来说最重要的。我做不了这样的女版圣斗士，亲人需要我的时候，我仍旧会选择做那个在亲情里不可替代的人。

055 非理想伴侣

一个爱你的人，他一定会全力支持你的建筑理想。

二丫有一个男朋友。

这男朋友怎么说呢，胸无大志，系里排名中上，就那么不多不少比二丫好上一点点。

二丫出生于小镇，凭借自己出色的做题能力，考上了北京的高校，成为小镇之光；她的男朋友来自同一省的省会城市，也是一路名校。

二丫的妈妈在镇上的教育系统工作，是镇上最好的小学的班主任，而她男朋友的爸爸是省会城市重点高中的物理老师。男朋友整日挂在嘴边的就是："你知道重点高中的物理老师意味着什么吗？这就是一个城市的重要稀缺资源，家里门槛都是要被踏破的。"

二丫家里有一辆车，新轩逸经典款，爸爸经常自己开车把她送到省会坐高铁；她男朋友有一辆 SUV，平日里是他爸爸的坐骑，也是全家周末郊游的交通工具，当然，所谓郊游，就是下乡，下到二丫的家乡。

是的，每个方面，他都比二丫要好上那么一点点。

大一时，全国大学生运动会，二丫想当志愿者，需要到火车站接站，她男朋友说：“就你小地方来的还是别当志愿者了，你知道这么大的城市应该怎么引导吗？先把学校门口走明白再说。”

大二时，中央电视台“开讲了”栏目在招现场观众，二丫报了名，她男朋友指着二丫这双穿了两年的运动鞋说：“都脏成这样了，千万别意外出镜哦。穿得好一点，别去了给咱学校丢人。”

大三时，二丫想报名建筑设计竞赛，她想与男朋友组队，男朋友说得非常直白：“跟你组队，那还是别参加了，纯属浪费时间。”

就这样，在她的省会男朋友的“关怀”下，二丫一路备受打击。压倒骆驼的最后一颗稻草是：她喜爱的师姐，保研清华失败，男朋友说，她这水平，还想上清华，想什么呢。

二丫分手了，二丫顿悟把时间浪费在这样的男生身上，一分钟都是多余，她决定做一次自己。

分手后的二丫，真的开挂了：全国大学生建筑设计竞赛，摘得了第三名；自己的工业设计作品，入选了北京设计周；成功在大五申请到了去上海顶级建筑事务所实习的机会；在保研的过程中虽一波三折，但成功被保送了南方某老牌劲旅建筑高校院系。那个信心满满的二丫又回来了。

时至今日，二丫仍旧认为：一个人是否爱一个人的重要标志，是看他能否义无反顾地支持她去实现梦想，她会是幸运的那个人。

建筑师的必修课：

1. 建筑师是一个艰苦的职业，我们在实现理想的漫漫征途中，要有一颗从不怀疑自己的坚定的心，在糟糕的关系中，及时止损。不能有丝毫的心猿意马。
2. 一个真正爱你的人，他一定会全力支持你的建筑理想。

056
找到那个对的人

你是不是一直抱怨设计团队里总是少了一个你需要的那个人？

最近我的车坏了，什么毛病呢？每辆车不是都有一个车门报警功能嘛，假如你没关好车门，就会有明显的提示音响起，响到你关好车门为止。我的车就是这个功能坏了，当所有门都关好之后，它还是会响，响到惊天动地，响到你怀疑人生。

刚开始，我的计策是：忍。寻摸着，这声音也不是大得离谱，也许忍忍就过去了。真是大错特错，我发现，超过十分钟，车“唱”得脑仁疼，真的忍不了！

于是，我又想到第二个办法：放音乐。企图用音乐声，掩盖并压制车门报警的噪声。但是每当我正在享受齐豫的《飞鸟与鱼》时，车门报警声与齐豫的天籁之音形成混响，诡异极了。这怎么行？！放弃！

我终于开始正视这个问题，把车开到了4S店。4S店的师傅给我检查了半天，告诉我："你这个车的问题很严重，因为左前门经常开关，这个报警功能失灵了，你要换车门！"我嘴巴张得好大，像躲避瘟疫一样，迅速把车开走了，我！为什么要换车门？

被要求换车门的我内心受到了伤害，又坚持了两天。两天后，我把车开到了一个专门修我的这个牌子车的私人修车店。老板是4S店出来单干的，所以对这个品牌车的维修有着丰富的经验，很多不愿意在4S店花冤枉钱的车主，都选择来他的店收拾自己的坐骑，生意红火。

老板对我的车辆做了稍许的检查之后，告诉我，是车辆报警系统坏了，车门不用换，我心里激动了一下，觉得，这回总算是找对地方了。老板又继续说道："但是你这个报警系统的线路得换新的。"我问："怎么换？"他说："你放我这一星期吧，我帮你换好。"

我每天都要用车，我没法让车放在这儿这么长时间，于是跟老板商量好，等接下来有时间，再来换这个报警系统。

就这样一个不痛不痒但抓心挠肝的毛病，在我一次又一次下定不了决心的彷徨与耽搁之下，俩月过去了，问题依旧没有解决，我依旧每日被迫"享受"着车门报警与齐豫小姐的合唱。

忍耐终究是有限度的，不知道这是第几次忍无可忍的情绪驱使之下，我把车停在了眼前视线所及的一个特别小的修车店，小到连个招牌都看不清，只是在门口挂了一堆轮胎，让人明白，这是家路边随时给车换轮胎的店，店门口局促的空间，停了两辆正要换轮胎的出租车。

看得出，店里只有老板一个人，他同时兼任首席技师、出纳小弟、店铺卫生保洁……我把车停了下来，试探性地对正在努力换轮胎的皮肤黝黑的老板说："我这个车门报警坏了，你能帮我看看吗？"老板面无表情地抬头看了看我，示意他正忙。

十几分钟后，他终于忙活完了两辆出租车，才走进我的车。我跟他简单介绍了一下车子现有的毛病，告诉他："我实在受不了这个声音，你干脆把我的这个车门报警功能取消算了。"老板摇了摇头说："报警功能不能取消，对你有危险。"

只见黝黑老板从店铺深处掏出来大小两把螺丝刀，开始撬我的车门，我看着有点儿心疼，这下手这么重，万一其他功能搞坏了怎么办？

两分钟后，黝黑老板从车里下来，对我说："好了，你试试吧！"我启动了汽车，哇……安静极了，久违的安静。我万分钦佩并夹杂一丝惊恐地望着老板说："你是怎么修好的？"老板十分不屑地回答："接触不良而已，你开开看吧，以后不会再响了，没换零件，不用钱，你走吧。"

我眼望着这个藏匿于市井深处的大佬，呆呆地问：

你从哪儿来？

你以前是干 F1 赛道的吗？

为什么隐姓埋名金盆洗手让我遇到？

（我很期待他跟我抱拳：佛山，叶问。）

事后想来，这是一个非常有禅意的故事，上天给了我一次又一次的机会，带着我试错认识世界。我想，也许，第一个 4S 店的师傅，以及第二个 4S 店出来单干的师傅，不会不明白我的车问题到底出在哪儿，只是需要遇到最终的这样一个人，将全部的谜底揭开。

建筑师的必修课：

1. 我们在设计中总会遇到一些棘手的问题难以解决，数次尝试之后，无功而返。此时，不要放弃，不要怕试错，我们在不断尝试中，破解题眼的方案会慢慢浮出水面。
2. 你是不是一直抱怨设计团队里总是少了一个你需要的那个人？打开视野，多谈多见，更不要放弃一直在你身边默默努力但是进步缓慢的“笨蛋”，那个对的人就是这样在不断试错中慢慢浮出水面的。

057
识别真正的业主

擦亮眼睛选择合适的项目，仔细斟酌谁才是我们的业主，我们应该为谁服务。

一位同行，以五十岁“高龄”，在一年之内，带领团队投了二十标，一个没中之后，辞职了，现在在洞庭湖边上喝茶晒太阳。我懂他一定是心灰意冷看破红尘，功名利禄乃身外之物，一切如镜花水月，雨打浮萍，能享受此刻阳光，才真真切切实实在在。从此，他远离江湖恩怨，从权倾朝野的“桂公公”，做回了退隐田间的“小桂子”。

不被选中，是建筑师必须要经历的心理一关，因为在绝大多数的投标项目中，我们有很大概率会成为那个不被选中的人。一入江湖，我们便知道，在所有的投标中，只有第一名才有意义，个别的时候，第一名倒了，第二名才有戏。其他名次，可能连成本都收不回来，这让我们时常陷入自我怀疑中。

现在的投标市场有一点特别诡异，也不知道从何年何月起，重大项目的投标，无论是城市设计还是建筑设计，都流行联合体捆绑。何谓联合体呢？也就是，中方设计公司往往需要搭配一个外方设计公司，火锅配威士忌。

曾经有一次投标，我们独立报名参加之后，好心的业主师妹隐晦而礼貌地知会我，如果有可能，去找一家外方合作单位吧。什么意思？不言而喻。这种“隐藏条件”是不会写在标书中的，你只能根据这个项目的气质和业主的行事作风来意会，不可言传。

于是，市场上除了几家常见的国际老牌劲旅之外，竟然顺应“潮流”轰轰烈烈地涌现出些许境外的“皮包公司”，ABC，DEF，OPQ，RST……这些公司以各种形式混迹于大型公共建筑投标当中，竟然偶尔也能蒙混过关。

投标不中是常态，中标是偶然事件。投标，虽然是被他人选择，但更多的时候，是需要我们擦亮眼睛选择合适的项目，仔细斟酌识别谁才是我们真正的业主，我们应该为谁设计服务。

建筑师的必修课：

投标首先要投个心态。建筑师都是久经考验的老战士，调整心态，一战再战，哪怕前有清兵的围剿，后有天地会的追兵，左右又潜伏着神龙教的偷袭，大不了年过半百不做那一等鹿鼎公，当个归隐田间的小宝，日子也不会过得太坏。

058
建筑师恋爱记之：注册建筑师的诱惑

和他做一个项目，天天和他在一起。

毕蕾是一名女建筑师。

有前辈师姐曾给她科普过一个普通男建筑师的四段婚姻，分别是：

a. 读书时的大学同学；

b. 美丽的实习生；

c. 风情万种的杂志女记者；

d. 拯救他灵魂的女甲方。

这让她一入行，就对建筑师的婚恋问题充满了悲观态度。

毕蕾从二十岁起，就梦想成为一名建筑师！哦，不，梦想嫁给一名建筑师，并且还是要嫁给一级注册建筑师。每当她看到图纸上那一个个大红章的时候，就会莫名地产生爱意。自此，漫长十年，她开始了跟各种建筑师的约会。

毕蕾的初恋是一家大型国企设计院的马工，工作八年，比她大……多少岁来着？忘记了。但在相恋的 12 个月零 8 天里，他们一共看过六场电影，吃过两顿正餐，然后就没有然后了，因为他根本就没有上班与下班的准确时间，晚上十点半之前能赶上末班地铁，那都算所长格外开恩。

在仅有的两顿正餐里，两次都被叫回去加班，以至于后来约会地点都尽量集中在马工所在的设计院周边一公里之内，好方便男友猝不及防“华丽转身”。因为男友有一件亘古不变的湖蓝色衬衫，以至于她时常怀疑男友是在“饿了么”兼职，时时要防备他因接到派单转身离去。

您问她怎么认识马工的？很俗套，晚上八点半站在马工设计院门口碰到的。她一直坚信：华灯初上之时，还在设计院画图而没去鬼混的男人，一定是好男人。

但好男人在与毕蕾分手半年之后，火速在本部门找到了另一半，也没办法，双拳难敌四手，远水解不了近火，钢铁直男也架不住朝夕相处。

建筑师的恋爱必修课：

1. 和建筑师谈恋爱，最核心的相处秘籍是：和他做一个项目，天天和他在一起。
2. 如果不是同行怎么办？嗯……给他找一个项目做，然后天天和他在一起。

059 建筑师恋爱记之：海归红酒宴

敌人的敌人，就是朋友。

和马工恋爱告吹之后，毕蕾决定换一个方向。她觉得她的缘分可能还缺少一点点国际背景。于是，毕蕾跟随着时尚圈的男闺蜜，信誓旦旦开始蹭各大时装周，北京时装周、上海时装周，30分钟一场，毕蕾一连看了15场，看得眼睛都绿了。

看着T台上的模特们摇曳生姿的时候，毕蕾的眼睛从来没有停止过环顾四周。终于，在石家庄的时装周，她认识了托尼，不是发廊的那个托尼老师，而是一个，石家庄籍、留法硕士。现在跟她一起当北漂。

托尼最喜欢喝红酒，在毕蕾精心策划的苦心撩拨之下，终于在一个醉人的、迷人的深夜，托尼邀请她去他的工作室，喝红酒，顺便讨论建筑。

晚上八点的约会，毕蕾从下午两点半开始梳妆打扮，脸上涂上遮瑕底妆，还破天荒地画了眼线，对着镜子一照，嗯！没错，这完全就是照着甄嬛回宫的标准打造这场夜宴造型的，此一战，势在必得，托尼必须拿下。

托尼的工作室，在一家会所的二层，平时会所也经营不善，所以整幢小房子实际就是他在使用。夜色撩人，灯光昏暗，氛围组能量值拉到满分。

但故事并没有如毕蕾想象中那样干柴烈火般发展，那夜托尼的红酒宴上，除了邀请毕蕾之外，还邀请了他的健身教练。整个晚上，俩人眉来眼去，毕蕾趁着还没被狗粮砸晕之际，叫了辆出租车，落荒而逃。

建筑师的恋爱必修课：

1. 建筑师群体里确实有一些外形不错的男人，当然，此时便要格外留心了。他如你般珍视自己的容颜，你们在食物链中的关系，很有可能不是简单的捕食关系，而是竞争关系。
2. 买卖不成仁义在，敌人的敌人，就是朋友，这不，又多了一个“男闺密”。

060
建筑师恋爱记之：史密斯夫妇

人生已经如此艰难，有些事情就不要拆穿。

黄沙百战穿金甲，不破楼兰终不还。毕蕾坚信，一定会成功嫁给一个建筑师的！一定能遇到 Mr.Architect！道路是曲折的，但前途是光明的！

就在这个时候，周工，犹如雨后一缕清风，潜入毕蕾的身边。

周工，上海人，最大的爱好就是做饭，拿手菜是红烧带鱼。你可以想象一下，一个在设计院每天画图的男人，一回到家里就直奔厨房，系上围裙，油盐酱醋煎炒烹炸，这样的建筑师背影是多么“性感”？

作为一个不会做饭的，且嗜肉如命的臭丫头，日复一日地喂养明显比买包来得更实惠一些。后勤做得好，感情就会好。他就是她的维尼小熊，宇宙环绕式哆啦 A 梦，毕蕾已经在开始幻想与他在哪个岛上办婚礼？以后在哪儿买学区房的人生规划细节问题。

直到，周工的前女友出现了。每一个女生在恋爱时，都是福尔摩斯，当毕蕾发现周工每天洗澡都要把手机拿到浴室里的时候，就隐约觉得情况不妙。洗澡拿手机干吗？直播洗澡吗？一个大男人，洗澡要洗上一个多小时，这是要去多少角质啊？

周工消失了，搬出了毕蕾的房子。周工的离开，并没有好好地道一声再见，从设计院辞职，电话换号，彻底人间蒸发了。毕蕾现在查询他的信息，只能从住建部的全国建筑市场监管公共服务平台网站上来了解。

您问，毕蕾到底是谁？她，就是深夜十一点还在画图的千千万万女建筑师中的一员。看了她的恋爱史，不用为她担心，她现在仍有男朋友。新科男友也还是一位建筑师，因为俩人酷爱加班，所以根本没有时间约会，更没有时间吵架，他长什么样毕蕾都快想不起来了。

对，其实他是男是女，已经不太重要了，毕蕾觉得这男友现在就是个“云男友”。

不过，他们很快就又要见面了，下个月一个重要项目交标，她和他同场竞技，鹿死谁手，还不一定呢。

建筑师的恋爱必修课：

1. 建筑师找自己的同行恋爱，是亘古不变的梦魇。大家都忙，大家都没时间见面，多年的男友终将熬成网友。
2. 建筑才是永恒的恋人，情情爱爱的，真是耽误我们行走江湖。
3. 曾经以为爱情是兴奋剂，后来才明白了，做设计才是兴奋剂。爱情是无问西东，是偷走了青丝，却留下了一个你。所以，还是趁着有精力，多做点儿项目，吃点儿好的，睡个好觉，锻炼锻炼身体。人生已经如此的艰难，有些事情就不要拆穿。

第七章　治愈本无心

我们要怀着一颗对建筑艺术的敬仰之心，保持敏感，虽然这有时让你感到痛苦。但正是因为敏感，才令我们更真切地体味人世间细微的暗潮涌动，让我们保持旺盛的创作状态。

061
养生时间

内耗太大，营养要跟上。

我认识一位建筑师，他是一个标准的“豆”先生。为什么这么称呼呢？因为他有一个习惯，工作时，别的建筑师是喝咖啡，而他，会每天带上自己的现磨豆浆来上班。他有一个常年使用的大号保温壶，大约1.5L，这一天下来，他的饮水量，就是这一保温壶的豆浆。

“豆”先生的豆种类是繁多的，从他的朋友圈来判断，每周七天，他会为自己调配不同的谷物搭配。

周一：黑豆 + 黑米 + 黑芝麻 + 核桃仁

周二：黄豆 + 花生 + 红枣 + 桂圆 + 银耳

周三：黄豆 + 红豆 + 薏仁

周四：黄豆 + 百合 + 莲子 + 小米

周五：黄豆 + 鹰嘴豆 + 玉米渣 + 核桃仁

周六日：黄豆 + 黑芝麻

他说，这是跟着某养生博主的方案来制定的每周“能量”，喝了这些，眼也不花了，头也不痛了，能加班，能熬夜，第二天没有黑眼圈。我呆呆地望着他，半信半疑。但“豆”先生仍旧每日我行我素，带着他的1.5L保温壶穿梭于家与办公室之间。

后来我们大家才知道，“豆”先生的女朋友是中医药大学毕业的，现在在某中医院上班，平时他是她最合格的“小白鼠”，针灸，埋线，他都是首当其冲当试验品。爱情让人冲动，爱情让一个钢铁直男，成为一个每天拎着1.5L保温壶的男人。

再后来，“豆”先生当了爸爸，拥有了一对双胞胎女儿。我们大家都纷纷揣测，不知道这是不是与他每日的豆浆疗法有关，在科学上，并无定论。只是……后来的办公室里，陆续又涌现出了几位每日带着大容量保温壶的男士。

建筑师的必修课：

建筑师的工作时间不规律，睡眠时间往往也没有精确的保证，甚至有的时候吃饭也没有准点。越是这样，营养越是要跟上。

1. 每日的饮水量保证在1.5L。
2. 每天中午最好能在楼下晒晒太阳，补充与甲方博弈时流失的钙。
3. 绿色通勤，争取每日至少能步行5000步以上（如果真的做不到10000步的话）。
4. 营养均衡，绿色蔬菜，蛋白质，碳水化合物，一样都不能少，干建筑师这行，想节食减重，那就是跟生命开玩笑。

062
“鸡肋”新生

生活中要常备后悔药。

我有一辆自行车，闲置多年，积灰已久，共享单车投入运营之后，这辆自行车就更像是交通鸡肋，骑之不便弃之可惜。终于，我动了心思，要不要把它“闲鱼”了呢？留在我手里，还不如让更需要的人拥有它。

挂上“闲鱼”不久，就有一些买家前来询问，大多都是金口一开，直接对半砍价，砍着砍着竟然又不知去向。直到有一天，一个男孩来询价，想买这辆车，并说能来自取，我一问他在哪里，他告诉我地址之后，我测算了一下，距离我至少30公里开外。我告诉他，我的车因为停置许久，车胎也没气了，30公里可骑不回去。男孩说没关系，他自带打气筒。

就这样，在一个黄昏，我把我的这辆“鸡肋”托付给了男孩。男孩告诉我，他不是骑回去，他骑车到最近的地铁站，然后把自行车折叠一下，坐地铁回家。他坐地铁的时候，还给我发了自行车折叠之后的照片，我直到看到照片的那一刻才知晓我的“鸡肋”竟然是能够折叠的。

在接下来的几个月里，我经常可以在朋友圈里翻看到男孩与“鸡肋”的动向，我就看着男孩带着这辆早已经板上钉钉的“鸡肋”，上山下海，乘风破浪。在青峰竹林间穿梭，在海岸礁石畔驰骋，这感觉，就像因无趣被你抛弃的前男友，遇到了另一个姑娘，在人家的悉心调教之下，忽然就夜夜笙歌了起来，我的心内五味杂陈。

你说我后悔了吗？好像有那么点儿，但好像又不是，只能说，怅然若失。有些东西你其实一直都拥有着，只是没有挖掘出它真正的使用价值。我们嫌弃它，甚至放弃它，其实它一直在某个角落闪烁发光，等待被我们发现。

建筑师的必修课：

事后第一件事，我就爬上书架取下落满灰尘的《中国建筑史》《外国建筑史》《中外美术史》三个大部头，这三本书满载着千百年来建筑与艺术的璀璨和夺目，却被我尘封入柜。重读之后，才发现自己原本忽略的细节有那么多。我通过一年的梳理，把它们做成了思维导图，落袋为安，这才心满意足。

063
建筑师的秘密之地

一个合格的树洞，你值得拥有。

“那是一种难堪的相对，她一直羞低着头，给他一个接近的机会，他没有勇气接近，她掉转身，走了。”这是王家卫电影《花样年华》中的第一幕。王家卫电影最大的暧昧之处，就是会让你通过环境氛围迅速投入一种情绪中去，融入电影，人戏合一。

这是我们都知道的著名电影的尾声，电影的最后一幕，周慕云在吴哥窟的某一个石洞袒露自己内心的秘密。你知道有些事儿在心里久了，必然会憋出病来，于是男主角找了一个好地方来吐槽，吐完以草封缄。后来，关于吴哥窟的旅行，网上出了一个很抢手的攻略：如何找到当年周慕云吐槽的石洞。

王家卫的电影里出现过好多类似的秘密之地，比如《一代宗师》中的秘密之地，金楼算一个，还有宫二小姐修炼所在地，辽阳市的彭公馆。曾经和余小姐聊过，她的秘密之地是某个老牌酒店里日式餐厅的一个包间，她每次都独自去那个包间，然后料理一碟碟地上，她自己就在这样一个几平方米封闭的空间里一点点慢悠悠地吃，这像是一种仪式，吃完，什么毛病也没有了，走出去又是一个披荆斩棘大杀四方的姑娘。

这是一个只有你一个人知道的，自我消化、自我修炼、自我重生的场所。我们在这样的一个空间里闭关自省，回旋复盘。这个地方，可以是闹市喧嚣的小馆子，亦可以是青松环绕的群山之巅。甚至，这个秘密地，可以不是真实存在的空间，它以虚拟的形式，仅仅存在于你的笔记本电脑里。

我有一个建筑师朋友，在担任大型巨无霸项目的设计主持人的同时，为了缓解巨大压力导致的脂溢性脱发，自己在半夜三更写小说，而且小说的主角竟然是工作中的原型你我他，甚至还把美丽的女甲方写进了自己的小说里。你无法想象平日里指挥万马千军的设计主持人，竟然在整个项目历经数载竣工之时，写出了几十万字的同人文。写作，即是他的秘密之地。

秘密之地，你真的值得拥有。
阳光之下，也没有什么新鲜事。

建筑师的必修课:

1. 现在，就去找一个属于你自己的秘密空间，在身心疲惫之时，有一个地方可以短暂地栖息，逃离惊涛骇浪，撑伞避雨。
2. 你可以在这里吸取养分，修炼你的“乾坤大挪移”。在这个秘密之地，你反思、自省、复盘，批评与自我批评，站在旁观者的角度重新审视自己。
3. 你可以在这里研习一门技能，默默地提高自己的功力，待出关之际，机会一定会眷顾你。

064
恢复出厂设置

尝试让自己找回自己的出厂模式，而不是永远待机。

可能大多数人都有这样的经历，当你在阳光明媚的上午打扫房间的时候；当你晒了一天的被子，夜半时分钻进其中入眠的时候；当你换一床新的床品传来阵阵花香的时候；当你买了新的马歇尔（Marshall）音箱放最爱听的爵士乐的时候……这些个瞬间，会让你疲惫的躯体，迅速安静下来，身体里的每一个细胞都跃跃欲试焕发新生。在日常的硝烟战火中逃离挣脱出来的你，迅速被这些小细节所融化，这就是非实体空间形成的力量，建筑的空间有时候是无形的。

恢复出厂设置——是一个建筑师每隔一段时间必须要做的事情，当太多的事情积压于你的身心，试图将你压垮的时候，你应该尝试让自己找回自己的出厂模式，而不是永远待机。

你可能要说，这就是被物品包围的感觉。不，你以为包围着你的是物品，这些愉悦都是物品带给你的，不是的，是空间，是这些喜欢的物品、氛围、气息……形成的空间，将你包围，带给你不同一般的感受。

建筑学里，有一种说法叫“积极空间”。“积极空间”是日本建筑学家芦原义信在《外部空间设计》这本书中最先提出的概念。我们学习建筑学，目的是改变他人的生活，在这之前，可以先尝试改变自己的生活，在我们有限的生存空间中，尽可能地营造出更多的“积极空间”。

为了营造“积极空间”，我也是煞费苦心。在我的办公桌上最醒目的位置，一直放着一本史蒂芬·法辛编著的《艺术通史》，触摸到它，会让我立刻沉静下来，并默念咒语：“艺术，让我触手可及。”自我洗脑。就这样，无论世间多少纷繁烦恼，我始终将诗和远方摆放在眼前。

建筑师的必修课：

如何恢复出厂设置呢？

1. 在自己的生活范围之内，保持整洁。
2. 视线所及之处，挑选自己喜欢的物品。
3. 斩断鸡肋，让可有可无被必需品所替代。
4. 书籍定期整理筛选，将看过的书、没看过的书分放在不同的书架（或用书隔分开）。
5. 日用品做到用尽再购买，过多的堆积，过剩的囤积，只会让自己更加无所适从。

6. 在能力范围内，扔掉不喜欢的东西，推辞掉不喜欢做的事。减少无效社交，谢绝身心无益的闲聊，其实95%的时间，你根本不需要这些社交（当然，不要告诉我你不喜欢工作，除非你有足够的钱）。
7. 每日睡前花15分钟独处静坐思考，将自己日日清空。
8. 出门前认真照一下镜子，给自己一个笑容，为自己加油吧。

065
建筑师的心理医生

及时的心理疏导很重要，想不开的事真的太多了。

对，就是这样，站在一幅画面前，静静地，看着它。

你会把第一次见面的人，约在美术馆吗？我会。美术馆是一个化解尴尬的神秘场所，如果话不投机，三观不合，那么，大家一起看画就好了。如果对方觉得无趣恰巧离开了，你还可以继续徜徉在艺术家和策展人布局的精神空间里，无暇回顾刚才见到的赵五王六到底是高矮胖瘦。

嗯！我上面说的场景可以是相亲。

我们时常会遇到人生中的窘迫时光。花了很大心血投一个标没中；煞费苦心找不到场地设计中“解扣儿”的关键点；业主想要节省幕墙的造价还非要达到一样的效果；施工单位又堵在门口怀揣各种心思妄图拿到目的不明的奇葩变更……面对这些排山倒海的不解之谜，有的建筑师选择跑马拉松解放神经，而有的人，选择走进美术馆。比如我。

英国国家美术馆的展区走廊正中，间隔性地摆放着一排复古风的椅子，没有靠背。你可以放弃走马观花，选择坐在那里，静静地与眼前的一幅幅巨著独处，此刻，整个空间里，只有你，和你面前的艺术品。

美术馆是一个人精神的教堂，你可以冥想、倾诉、心流沟通、扪心自省，甚至自我忏悔。我有许多次遇到不好化解的难题，都是在美术馆里猛然迸发出了灵感。这很奇妙，也非常奏效。

在美术馆里你会发现，解决光线的方法有千万种，可以温柔如伦勃朗，充满着攻击性如卡拉瓦乔，甚至也能含蓄得像维米尔。你还会发现，一把椅子摆在中间就是达达主义，一群椅子排列在中间，就是波普艺术。世界上的事，道路有千万条，办法总会有的。

建筑师的必修课：

美术馆，即是建筑师的心理医生。看美术馆的佛系女建筑师总结出以下徜徉美术馆的攻略：

1. 一双舒适的鞋子（徜徉美术馆考验体力）。
2. 存好自己的包（减轻身上的束缚，才能打开内心）。
3. 进美术馆前要吃饱（你也许会在里面待上一天不出来，这可比心理咨询费便宜多了）。

4. 不要带相机（任何的拍照行为都会影响你观照自己的内心）。
5. 慢慢地走，在喜欢的作品面前停下来。
6. 如果有可能，用画笔来记录它（走笔，才能走心）。
7. 从不同角度来观察艺术品（你甚至可以席地而坐）。
8. 提前准备好配合展览的音乐，比如你要看的是巴洛克，就选古典主义音乐；看霍克尼就听鲍勃·西格（Bob Seger）吧，应景的背景音乐最容易让你配合展览达到五感沉浸其中的理想效果。
9. 假如你对美术馆的展览没有任何的准备，那就从认真读导览的前言开始吧（认真读上面的每一个字）。

好的心理医生很贵，而美术馆真的划算得多。

066
培养一种爱好

找到你诸多爱好中的一个，默默培育它、发展它。

问：如果不考虑时间、精力、经济等因素，你最想去做什么？

答：我想去做古建筑保护与活化，住在佛光寺一个月测绘，然后写一长篇仙侠奇幻小说《我在佛光寺测大殿》。（醒一醒）

我时常会问自己上述问题，如果不考虑经济因素，你到底想要做什么？嗯！要做自己爱做的事，一直想做的事，一直想做却没有时间做的事，一直想做但却无法维持生计的事……我有很多莫名其妙的爱好，有营养的，没营养的，很多时候正是这些天马行空的爱好，拯救了我脆弱的心以及孤独的灵魂。

比如，我真的太喜欢《神探狄仁杰》系列了，就像当初喜欢《武林外传》一样喜欢。这种跌宕起伏的故事情节，结合大唐盛世题材的悬疑剧情，真是让人身心愉悦欲罢不能。这是我的下饭神剧。（妄图成为大唐神探）

我酷爱书法，当然，喜爱写和写得好是两回事。我从安徽泾县买了好几刀很好的纸，为爱好花钱，挥金如土，花得心安理得。我喜欢《芥子园画谱》，这是一本非常通俗易懂又包罗万象的中国画技法大词典，虽是古文，但图文并茂，边读边深深感叹：作者想让你入门国画真是煞费了苦心……看完，人人都可以拿起笔来操练一下。最喜欢山水这一辑，从树谱开始，到山石，再到人物屋宇。（妄图成为丹青大师）

话说，我的千般诡异爱好在最近又上升了一个等级，我买了本《杨氏太极拳》，书中配了光盘。然后……我就对着光盘开始操练，一招一式挥舞自如。但，刚练了三式就有些学不下去了，第一是发现膝盖不行，半弯真的受不了，第二是发现自己手脚竟然如此不协调，稍不留神，打太极就打顺拐了。（妄图成为武林高手）

爱好的实质是闭关。所有外部的，影响我们的，消磨我们的事物，皆因我们的内在世界不够丰盈坚定。责怪，埋怨，不如独善其身，将自我身心修炼得日渐强大才有可能金蝉脱壳。你以为古人闭关闭的是什么？闭的是万丈红尘，退一步，剥茧抽丝，重塑自我。

我们用尽全力跟命运做不屈的抗争，为了所有蕴藏危机的，让你沉入谷底的，以及即将到来的，美好的一切，做永不屈服的抗争与努力，你就是自己的斗士。而那些“苟延残喘”的哪怕是“三脚猫”的小爱好，是你长夜独行时温暖你的白月光。

伍迪·艾伦在纽约的爵士乐演出，一票难求。不只这位伟大的导演寄情于与朋友们的音乐，山本耀司在 2018 年末竟然开了一场演唱会，鲜为人知的是，他不仅曾经作为嘉宾参加过坂本龙一的演唱会，自己还出过专辑。开演唱会，组乐队……诗和远方，大师比我们更着急。

建筑界更是玩得活色生香，就像素来以不顾世俗目光、敢于追求真我的安藤忠雄，竟然在七十岁高龄出版了自己的绘本处女作——《喜欢恶作剧的建筑家》。翻开整本画册，他将自己对建筑的理解，完全融入这部儿童绘本中，这种感觉……怎么说呢，钢铁直男的心里，其实住着一个小公主。

建筑师的必修课：

1. 找到你诸多爱好中的一个，默默培育它、发展它。
2. 在你身心疲惫时将它拾起，它会是你过河的扁舟，登高的扶梯。
3. 不要试图把这个爱好变为职业。就像颜真卿，他很长一段时间的工作是带兵打仗；又比如宋徽宗，他的工作压根儿就不是一个画家。

067
应对瓶颈的两种方法

你有过瓶颈吗？就是那种如临深渊，又无计可施的痛楚。

在建筑学的学习中，我们常会遇到瓶颈。从前我是这样应对瓶颈的：卡壳的地方，我首先会去翻书查资料，相关项目案例、规范、图集……书上没有，就去互联网上找，总之，就是针对一个痛点去打它，把面子里子都研究个透彻，一点点探寻出指引我翻山过河的蛛丝马迹，从而再以星星之火来燎原。我把这种方法叫作：痛点钻研法。专注问题，集中兵力，一一击破。

但随着建筑学在日常工作中的应用愈发复杂化，毕竟工作年头多了，接触的项目也多了，邂逅的诡异甲方也多了。原本的“痛点钻研法”慢慢退出了历史的舞台，因为，通过“查阅”来获取知识的方法不能够完全满足变幻莫测的血雨腥风。于是我开始了另一种探索。

对于我，有两种方法，非常奏效。

一、沐浴计划

我偶然间发现了洗澡这件事的妙处。每当我焦头烂额困在一处的时候，发现前后左右都是死胡同的时候，我都会走进浴室。当温热的水，从头到脚喷淋而下的时候，世界一下子安静了，一个个灵感的火花如雨后春笋般争先恐后地冒出头来。对，不止一个，而是一个个乌央乌央排山倒海。

这种喷涌是让人兴奋且不知所措的，而最奇怪的是，所有的这些灵光乍现，都会在洗澡完毕披挂整齐之后，消失一大半，于是，我常常顾不上头上的泡泡，趁热打铁迫不及待地把这些思路都记录下来，文字不方便，就语音记录，于是我会在洗澡时莫名其妙地对着手机自言自语，生怕这奇妙的邂逅被泯灭。

二、五公里计划

曾经有一位女作家在书中写道，她每次没有灵感的时候，就会在楼下的社区公园中进行五公里的健走，无论刮风下雨，只要思维枯竭，她一定会走出户外，开始这项运动。记住，是户外，而不是健身房；是独自行走，而不是勾肩搭背结伴而行。这比刚刚提到的“沐浴计划”应用得更为广泛，比如，你马上要与甲方开会了，焦虑得不知所措，想去洗个澡？这不现实。于是我都会在重要的会议，重要的汇报，或者要做重要决定，见重要的人之前，开始我的五公里计划。

在约定的时间之前，早点到，然后开始在时间可控范围内进行五公里快走。如果时间紧张，两公里也行。每次行走时，精神放松，但思维却进入一种高速运转的状态，很多解决棘手问题的方法，都是在这五公里之内想到的。然后一拍大腿感叹，我简直就是个天才。

这两种应对瓶颈的方法，听起来有那么一点点“戏精”的嫌疑，却十分受用。话只到此，各位看官可以操练起来，谁试谁知道。

建筑师的必修课：

1. 每日珍惜你洗澡的时间，进入浴室的那一刹那，就是你金蝉脱壳之时。
2. 无论你以何种方式通勤，尽量留出每日五公里的时间，如果实在做不到，最好也能有一周至少三次独自健走的时间，你会发现这五公里的时光，可能比单纯坐在椅子上冥思苦想的效率更高。

068 加班好声音

你们加班时候都听什么？

傍晚散步，发现楼下新开了好几家小店，裱画店、古玩店、石膏模型店、粥店……看见裱画店60岁的老板娘，美艳依旧。她的门口坐着四个大爷，眼看奔七十了，其中两个抱着夏威夷吉他，边弹边唱，五位老人在夜色中对酒当歌，旁若无人。这场景真好，夕阳之下，老板娘在我心中就是杉菜本人了。

半夜，我常听《水浒传》原声音乐，听得心潮澎湃。音乐就是有这样的魅力，能让你穿个睡衣四仰八叉躺在床上，都能跃跃欲试摩拳擦掌，想下楼倒拔垂杨柳，想喝酒打老虎，抑制不住马上要腾空而起的冲动。而下一首，竟然是邓丽君，月上柳梢头，情意绵绵，千言万语，思念潺潺。在这个金戈铁马的夜晚，冰火两重天。

还有一首歌，我时常用在寒冷的冬夜，温暖心房，电影《音乐之声》的《雪绒花》，它犹如默默燃烧的壁炉，让你取暖。你有没有正在想念的人？

他现在一定也在这个寒冷交加的冬夜里，奔波忙碌着吧？我就不一样了，我正在想着打图店今晚几点下班，我的文本能不能马上送来。

李兴钢工作室的姜同学是一个相当有趣的男人，他时常会动手改造，把自己的衣服“调教”成独一无二的定制款。他和我都很喜欢两张专辑:《寓言》和《只爱陌生人》。虽然十几年过去了，每次听，还是那么让人欲罢不能……在无数个加班之夜，我时常旁若无人地哼唱：“你是一间美术馆，你的脸谁来看你都不能管，随便我左顾右盼，不耐烦我也要看。”

有一些歌曲，是在长大后，才慢慢体会到它的圆满。2005 年有一张特别的专辑——《本色》问世，里面有一首《再见悲哀》。十几年后的今天，终于有幸邂逅。素来婉转的歌手用如此铿锵的唱法来演绎，字字动人。不要感怀错过的那些年，现在也不算晚，当下即是最好的当下。我正好经过，你不曾走远。

还有不同版本的《夕阳之歌》与《千千阙歌》，它适合这样的场景：夕阳之下，光线就这样明艳地打在效果图的山墙上，那一个个我们曾经中过的、错过的标啊，那一个个曾经与我并肩作战的同伴，那一个个难忘的瞬间……就这样映照在眼前。心动不已。

那么，问题来了，
运动的时候我们应该听什么音乐呢？

我听 *Poker Face*！你呢？

建筑师的必修课：

我给自己搞了一个投标歌单，听完了有没有灵感不好说，但肯定是不困了。

1. *A Girl Can Dream*——Melissa McClelland；
2. *Hey Nineteen*——Steely Dan；
3. *Autumn Leaves*——Tony O'Malley；
4. *A Fool In Love*——Jimmy Barnes；
5. *What Kind Of Woman Is This?*——Buddy Guy；
6. *The Enchantment*——Sheila Chandra；
7. *Old Time Rock & Roll*——Michael Bolton；
8. *Rockin' Pneumonia*——Jimmy Barnes；
9. *Let's Have a Party*——Wanda Jackson；
10. *C'est La Vie*——Bob Seger。

069
早起的执念

睡眠之术是一件需要学习的事。

坊间传说早起是“打鸡血”人士必备之生存技能，有许多叫人早起的文章，名字都起得特别具有煽动性，诸如“三点钟起床”“四点钟起床”“五点半起不来你就完蛋了”……文章中讲的方法头头是道，用词慷慨激昂，但是读罢之后，我仍旧无法践行。起早之后，我努力压抑着自己的困意，换来的却是整个上午昏昏欲睡，半天都废了，只好作罢。

不是文章中讲得不对，只是，早起这件事，真的可能是因人而异。我其实是提倡早起的，但这个“早”需要有个限度。

一、不要过早

每个人的身体情况不一样，不是每个人都适应四点钟起床的。比如我，我对于“早”的极限是清晨六点半，如果超过这个极限，偶尔还可以，但是常态下去，我不仅仅在起床的那一小时之内异常痛苦，还会在八九点钟，达到疲倦的顶峰，而这个时段，恰恰是我的“一日之季在于晨”，本应该精神状态最好的时候。于是，多年锤炼未遂之后，我果断放弃过早起床。工作日把起床铃声定在六点半即可，周末嘛……如果没有特别的工作，请让我做自己吧。

二、保证充足的睡眠时间

早起的第二个前提是要保证充足的睡眠时间。但是，每个人对于“充足”二字的定义不同，有的人每日睡足六个小时就够了，有的人则需要九个小时。尽可能保证能让自己进入高效工作状态的睡眠时间太重要了。这个无法锻炼，无须强求，几小时就是几小时。

从上大学起，我是班里唯一一个不熬夜赶图的人，把时间安排好，超过十二点的极限挑战不值得提倡。我也经常会在朋友圈里看到感慨“又熬了一夜”的朋友，但是，我真的反对熬夜，甚至不太认同某些文章中所谓的“过早起床”。

熬夜，是对身体的摧残，过早的起床也是对身体的消耗。好好吃饭，好好睡觉。在自己清醒的每一分钟里，提高效率，充分抓紧时间。如何能在有限的时间里，产生更多的人生价值才是我们要钻研的方向。

建筑师的必修课：

1. 合理安排项目进度，可以加班，但坚决不熬夜。
2. 不要强求自己过早起床，睡眠之术是一件需要学习的事，抛却那些天生秒睡的人，平平无奇的我们要把睡眠当作一个最基本的生存技能，甚至是一个特长来修炼，优质的睡眠是出活儿的利器，也是打败时间敌人的武器。

070
失眠阵线联盟

在失眠的时候，就放飞自我吧。

有一类人，只要是躺在床上，倒头就能睡着，管它外面是吹拉弹唱还是灯火通明，瞬间就能进入爪哇国梦游去了。我不属于这类人，我真的羡慕他们。

还有一类人，每天晚上，如同上刑。躺在床上辗转反侧地翻身“烙饼”，眼睛一闭，脑海中万马奔腾，回望时空，哪怕思路已经从此刻的人生际遇追溯到了幼儿园时期，但仍旧无法入睡。稍有困意，已然是天明。

我们都经历过这“万马奔腾”的夜晚。无论是月黑风高，还是万籁俱寂，心里哪怕是数了一万零一只羊，羊群们也无法带领我们在夜晚渡劫。任情绪由平稳到波澜起伏，虽不至于声泪俱下，但偶尔还是会措手不及地迎来一两滴辛酸泪水。在晨光熹微之时，才渐入梦乡。

翌日，头痛欲裂。

后来，在睡不着的夜晚，我便索性不再佯装努力睡去，打开台灯，开始自顾自做一些喜欢的事。读书、写文章、看喜欢的电影和骚扰余小姐。当然，也会写着写着，心潮澎湃，便更不易入睡了。出人意料的是，这样竟然比囚禁于床榻之上的辗转反侧更让人身心愉悦。是的，让时间拥有价值，就会让人感到满足。

当这些平时没时间做，却又十分喜欢的事做完之后，鬼使神差竟然困意来袭，美梦如约而至。我仿佛卸下了集聚于内心深处磅礴的石头阵，阅读与写作，让我轻装上阵。

所以，在失眠的时候，不要使自己成为那个只能躺平努力入睡的人。正好利用这些个无人打扰的光阴，在所谓的“多出来的时间”里，做自己喜欢的事。失而复得的喜悦，让你在夜晚熠熠生辉。

听起来，诡异。行动起来，不可思议。

建筑师的必修课:

无论如何，如果有可能，还是要好好睡觉。因为，在梦里，啥都有。

第八章 活色才生香

物质依旧值得努力追求，但不再仰望与依赖，品质才是生存质感的体现。照顾好自己，没有人嘲笑你红糖果腹还是保温杯里泡高山枸杞，你依旧可以面色红润地将笑靥留在他人的眼里，留在自己的心里。

071
建筑师的家

如果有机会能设计自宅，那是何等的幸运呀！

田中元子写了一本书《建筑师的家》，这是一本采访集，将日本建筑大师的住宅一字排开，蔚为大观。我在日本建筑旅行的时候，最喜欢的建筑师是前川国男、菊竹清训和大谷幸夫。有幸书中采访到了菊竹清训的长女，也呈现出了菊竹一家至今仍旧居住的住宅。

看到了那熟悉的混凝土原色，心领神会。住宅中，仍旧保留着日本传统住宅的空间模式，但与日本传统住宅又不相同，极简的装饰，甚至看不到那所谓“点睛之笔”的灯饰，这座“空中住宅”是菊竹清训30岁时设计的作品，房间中的每一个细节都洋溢着“新陈代谢派”的影子。我想，这里，应该还保持着菊竹清训生前的样子。可以这样说，你看到了一个建筑师的家，就相当于看到了他当时的建筑设计体系，看到了他这个人。

“空中住宅”问世的同年，菊竹清训先生的长女出生了。用菊竹清训先生的话来说：这座空中住宅，是他一生中最牵挂的地方，是他梦中的故乡。看到此处，好感动，一个大建筑师，将自己奋斗的事业、精神上的故乡与家人紧紧联系在一起。山河大义对儿女情长，金戈铁马化为绕指柔。

当然，美好的童话戛然而止。以下文字如果引起不适，请不要对号入座。

一位同行建筑师的家准备装修，本来是终于等到了自己在专业上可以大展拳脚的时候，可问题就出在，建筑师的太太也是一名建筑师。于是，两个在“功能决定形式”还是“形式唤起功能”中展开了激烈的斗争。

这事儿可热闹了，两个人都是甲方（实际使用者），两个都是专业人士（技术精英），最后争论不休的时候，甚至提出了，反正总共100平方米，实在不行，就你搞50平方米，我搞50平方米，一个卫生间归我，一个卫生间归你，厨房共享，客厅掷骰子随机。

俩人都做设计，孩子当审核。但是投资估算搞下来，这种“分家式”的装修，导致预算严重超支。于是，筋疲力尽的二人又开始坐了下来，和平谈判。

事情最终的结局是这样的，男建筑师突然被一个大投标拖住了，女建筑师趁机乘胜追击，占领精神高地。男建筑师脱身之后，发现水电都已经搞完了，深感大势已去。就这样，一个建筑师之家，在这种敌退我进，你推我搡中，竣工了。

建筑师的必修课：

如果有机会能设计自宅，那是何等的幸运，一年又一年，我们做了几十万平方米的设计，但最向往的，还是折腾自己那百八十平方米的小家。这个时候，一个水电专业的伴侣就显得尤为重要了，土建任我行，你按照图纸配合水电就行了，分工明确，事半功倍。

072
能量之屋

卫生间是非常重要的功能性空间，直接影响到一个建筑的品质。

住宅中，最重要的空间是什么？我想每个人都有自己的答案。

在我看来，卫生间，可以担当为住宅功能中最重要的空间，并且是直接影响生活品质的空间。当然，同样重要的还有厨房。可能这种说法很多人有疑义，一个人每天到底能在卫生间里待多长时间？按照平均花费的时间来说，一个家，最重要空间应该是卧室，甚至是客厅、书房呀？怎么会轮到卫生间呢？

人们的居住模式大多可分为独居或者群居两种情况。

独居，即独自一个人居住，从进入户门的那一刻，便没有人与你交流了，打开收音机或者电视，让你的房间瞬间被声音环绕，这感觉是奇妙的，也很享受。

独居有一个问题，如果房间面积过大，就会让人极度没有安全感，你所处一个空间，哪怕安装很好的监控，却仍旧无法确定另一个空间里是否有生命或者非生命存在。这样，便需要一个在尺度上相对小的空间，赋予你足够的安全感。而住宅中，最小的功能性房间，就是卫生间了。这是一种被包围，被保护，被信任，被依赖的空间。你可以唱着歌洗着澡，演绎不知名的舞蹈，哼哼呀呀，玩耍得不亦乐乎。热气环绕，烟雾升腾，羽化成仙，莫过如此。

而群居，这里多指以家庭为单位的居住。当你工作一整天回到家里，其实你并没有真正的“下班”，你仍旧需要在这睡前的几个小时里扮演“丈夫”“妻子”“父母”或是“子女”的角色，你需要背负着这些世俗的责任感，继续“工作”。直到你走进卫生间。

当你关上卫生间门的那一刻，在短暂的洗漱、沐浴的空档，你便重新找回了真正的自我。你不再是谁的爸爸，谁的太太，也不再是方案所的刘工，或者工程院的林总。你只是你自己。你拥有短暂的，充分的自由，在这暧昧的氛围中，当你面对浴缸、马桶、洗手盆，在蒸汽晕染的镜子上徒手画画，任思绪徜徉，你就是五平方米之内最靓的仔。此时，也正是你灵感迸发的最佳契机。

沐浴完毕，一切回归现实。

我有一个朋友，很生动地在家中卫生间的门上做了一个醒目的牌子，上面刻有“Power Room”的字样。这哪里是什么卫生间？这完全就是拯救灵魂，唤醒自我的能量之屋啊！

建筑师的必修课：

在自宅里做设计，宛若螺蛳壳里做道场。不仅仅是住宅，卫生间在许多公共建筑中都是非常重要的功能性空间，直接影响到一个建筑的品质。

1. 平日里，我们可以随性地拉出一到两跨的轴线，自由地设计探索卫生间的布局，徒手画画，动脑想想，在这百八十平方米的空间中，怎样才能布局得更合理。
2. 当我们走进一座建筑之时，一定要去上一次它的卫生间，遇到好的案例，记录下来，建筑之旅当然包括卫生间之旅，小小的卫生间也许会给我们大大的惊喜。

073
建筑师的书房

立刻收拾出一个角落，给书籍和心灵筑巢。

一个人近来读书与否，是可以从面相上看出来的，正所谓“上脸”与“挂相”。三日不读书，言语乏味，交谈寡淡，面目可憎。读书是当下最直接最经济的学习方式之一，输入知识，输入营养，一个人前半生的长相取决于基因，后半生的长相，往往取决于人生经历，命运的车轮滚滚，我们无法掌控，唯有读书，主动权是掌握在我们每个人的手里。

建筑师的书房，往往成为一个居家加班的场所。如果恰巧夫妻二人都“身陷囹圄”，“沦陷”于建筑行业，那么他们的书房，就真的成为一个小型办公室。看到东北院的Z同学与她先生的书房之后，我陷入了沉思。两个人的书房，温馨却有着小型二人设计院的架势，若有个资质，他俩绝对能开店了。Z同学是做景观设计的，她的先生是做建筑设计的。

没办法，大家生活所迫，谁也不想把书房搞成工作的第二战场。那我们理想中的书房应该是什么样的呢？现实固然残酷，但谁也不能阻挡我们心中暗藏的诗和远方。

理想中的书房，它是一个气场。

我不要客厅，我要书房。我不要高档的真皮沙发，也不要昂贵的红木家具，我要顶天立地的两面书架墙，背靠黄土，面朝江；白天，我要落地的玻璃窗，绿色植物荡漾在窗前，呼吸徜徉；夜晚，我要适合读书的柔和灯光，以及马歇尔（Marshall）音箱，响起我最爱的爵士乐，杠自嗟呀；我不要懒人沙发，我要硬质座椅，因为写作与阅读都需要保持足够的清醒；我不需要任何的香氛，我只爱书籍印刷的芬芳，以及略微发霉的诡异书香。

虽然我至今没有书房。但梦想，总是要有的。书都能有了一面墙，怎么还怕没有书房？

建筑师的必修课：

无论你身处一居、两居或是 *n* 居室，立刻收拾出一个角落，让书籍与心灵筑巢。选一盏光线柔和的适合阅读的灯，在夜晚，点亮它。就这样开着，你甚至不用阅读，就这样身处于这个空间，骤然人间值得。

074
那些难啃的书

读书需要坚持与定力，锲而不舍，金石为开。

雷雨天重看《雷雨》，看到周朴园与鲁侍萍相认那场戏实在太精彩了，人物内心冲突达到顶峰。在不同年龄，看同样的文学作品会领悟到不一样的东西。是的，这是我时隔许多年再一次品读《雷雨》后的感受。在年少时，我是看不清的，或者说无法深刻体会这诡异复杂的人物关系究竟蕴含了多少隐秘的情感，而随着年纪阅历的增长，以及反复的阅读，文字背后的跌宕竟然徐徐解开。

《雷雨》属于文字为戏剧服务，偏重于观众理解，但许多时候，我们会因为处于种种因缘际遇阅读一些更为艰涩的书。我曾经数次在睡前尝试阅读一本女作家的书，第一天是读了 6 页，读不下去，放弃；第二天是读了 10 页，宣告失败；第三天、第四天……到如今，我已经咬牙坚持读了 46 页了……我也不知道为何如此执着，并且坚信是由于自己人生阅历有限，基础知识储备匮乏，情感情绪跟不上笔者的步伐……所以迟迟无法入戏。

阅读的境界有两种。

一种是主动式阅读。读者被书中内容所吸引，章章难过章章过，读得废寝忘食欲罢不能，有一种冥冥中的力量牵引着自己一直读到尾声。这是我在阅读马伯庸的文学作品时，体会到的感受。环环相扣，引人入胜。

另一种是被动式阅读。有些书籍，在你阅读它之前，就被某种客观要求所“挟持”，你必须要拿下它。并且这类书籍往往是艰涩难懂，甚至根本就是外国文献。你读上那么一篇，如同嚼蜡难以下咽。这时候，我们应该如何应对呢？

读下去。

此时，你能做的，就是读下去。阅读遇到障碍的时候，绝大多数是因为该作者的思想层级、专业底蕴已然远高于你，这种阅读的压力会带给你被动式的成长。过程是艰难的，但一旦翻阅高山，你的内力将会大增。武林绝学，不是人人都可以修炼成功的，95%的人，在还没爬到半山腰的时候，就放弃了。无限风光在险峰，提早缴械投降的阅读者，他们无法领略到山顶上的无限风光。

我们时常羡慕为什么有的人建筑评论写得那么好，这与他们平日的输入息息相关。写出好的文章，需要大量的输入，这些输入经由阅读者的消化沉淀，再在写作时演绎重组输出，此时，妙笔自然生花。攻克难啃的书，是我们写出好文章的必经之路。

建筑师的必修课：

读书需要坚持与定力，那些突破我们学术层级思想天花板的读物注定是有些难啃的。一字一句，一行一段，反复去阅读，思维导图搞起来，组织脉络拉起来，我们终有一天能闯进笔者的精神高地与他共同驰骋。

075
淘书之计

淘书是一件有意思的事，过程本身就很有趣。

有读者跟我讲了一件事，他在某个手机软件上买到了一本我的二手书，书的扉页上有我的签名。这也让我第一次领教了二手书流通平台的神奇。作为写作者，我个人，是不介意自己的书在二手市场流通的，甚至可以这样说，自己写的文字，只要能流通起来，几手，真的不太重要。重要的是，有更多的读者可以读到它，与我的内心产生交集与共鸣。

关于书籍最传统且便捷的甄选途径，还是要数实体书店。书店存在的一个重要的价值，就是让我们能更直观地领略一本书的全貌，它，是不是我一直要找的那一本。金风玉露一相逢，便胜却人间无数。

但书籍购置越来越多，可居住空间有限，从“家徒四壁”到“书架满墙”，我会定期清理自己读过的书，送给朋友，或是上架二手平台。我是“去物”的实践者，认真践行对物品的“不持有论”。自己曾经品读过的好书，以另一种形式延长它们的生命，也是令人欣喜的。看着这些二次购书者的一个个“ID”在闪动，你可以知晓曾经的心头小爱的流向，想到这些自己曾经亲手触摸伴随入梦的小书，就这样找到了新的家，有了新的主人，虽少许痛惜，但更多的是慰藉。

最近淘到了两本有趣的建筑书籍：英国作家欧文·哈瑟利的《横跨欧洲的快车》，这是一本欧洲城市建筑故事集，将建筑、政治、历史、文明通通“糅杂”到了一起；另一本是瑞典艺术史学家喜仁龙的《北京的城墙与城门》，这是一本写于1924年的书，是极其重要的研究史料。

关于共享的模式，仅针对书籍，如果是爱情嘛……我很可能就是那个小心眼儿的阿紫也说不定，爱情无法传递，更无法共享。女人的大度，可能也只能体现在这白纸落墨的方寸之上吧。

建筑师的必修课：

到哪里去找喜爱的书？

1. 关注建筑媒体中的“书评”栏目，然后根据所需，按图索骥。
2. 常常流连驻足于建筑书店，搜寻那些压箱底儿的干货。
3. 建筑书的避雷区：有大作品的职业建筑师所著之书，大多不如他们设计的房子值得研究。上天给予每个人的天赋是公平的，他们是空间大师、建筑大师，但让他们憋出十万字来，那真的比让他们设计房子难多了。

076
桌案上的诗和远方

在桌案最醒目的位置，摆放你的“诗和远方”。

曾经有一个民间栏目“建筑师的工作台”，就是让大家一起近距离观摩一下，建筑师的桌面之上到底有什么奥秘。这其实是一个很私人的问题，不限于建筑师，甚至不限于设计师。你想简单地了解某个人的话，一个，可以看他的鞋；另一个，可以看他的桌子。

如果一个人的桌面一尘不染，物品又很少的话，这是一个对自我要求非常高的人，并且是一个做事条理清晰的人。他有去粗取精、去伪存真的信念，并且长久以来，一直践行。当然，也有可能他有一个明眸善睐的助理，但助理的行为也大多来自桌主的授意。所以，见桌如见人。

如果一个人的桌面混乱，所有的东西毫无章法地铺到一张桌上，至少可以证明他是一个繁忙之人，无暇整理，以至于多年来也渐渐习惯如此。

曾经在跟某结构男专业配合时，发现他桌面上竟然还有前年没有拆封的快递，书籍杂志随意堆放，我实在看不下去，于是试探性地建议：“要不我找时间帮你收拾收拾吧？”我心想乱成这样，万一配筋算错怎么办？他马上制止我：“你别动，我这里虽然乱，但是乱得有规律，你一动，我就找不到了。”我望着小山兴叹，又望向他阳春白雪般的脸庞和一尘不染的衣着行头……呜呼！如此鲜明的对比。只能说，这是一个在生活上不拘小节的人。

一个人的桌子，是有气场的，因为工作台也许是每日驻足时间最长的地方，它的风吹草动，直接影响到我们平时的工作效率以及设计质量。我相信这种气场，也相信这种气场给桌主人所带来的影响。

蔡邕《笔论》中有云：“夫书，先默坐静思，随意所适，言不出口，气不盈息，沉密神采，如对至尊，则无不善矣。”设计工作亦如是，一张让你气定神凝的桌案，是开工的好伴侣。如果能在桌上，再摆放些自己喜欢的、能激发灵感的物件，便更是锦上添花。

我的工作桌案，常年摆放着史蒂芬·法辛编著的大部头《艺术通史》，在工作紧张之余，随便翻开一页，便是一幅美术史上的经典名作，比如，此刻，随手一翻就是波提切利的《春》，有一种拆开盲盒的惊喜之趣。

好好爱我们的桌子，好好布置我们的桌面，让我们在工作中的目光所及，都是喜欢的物件吧。

但是话说回来，据我多年观察，结构男的桌面上好像永远都是“万年白皮规范 + 多功能计算器”，经年累月的地勘报告也掺杂其中，简单粗暴，桌面上的诗和远方，那是不存在的。

建筑师的必修课：

1. 每日开工前，把自己的桌面清理一下，干净整洁的桌面会带给我们一整天的高效率与好运气。
2. 在桌案最醒目的位置，摆放自己的“诗和远方”，可以是一本书、一幅画、一件装饰品，甚至是家人的照片，在我们埋头苦干之际，猛然抬头，会心一笑，心情也会立刻灿烂起来。

077
床头那些事儿

想好好睡觉的话，远离手机。

以下是一名普通建筑师在床头的一亩三分地儿。

一、一瓶喜欢的香水

冬日，十几年来一直痴迷宝格丽的“红茶”香水，温暖醇厚，从未辜负；夏日，宝格丽的“白茶”香水和伊丽莎白·雅顿的“绿茶”香水，都是佳品。有一年，朋友从意大利给我带回了西西里岛的香水，更是喜欢，喷一点儿，整个房间犹如炸开的一颗柠檬。

二、一本能使龙颜大悦的书

我有两个地方酷爱放置自己最喜欢的书，一处是工作台上，因为这里占据着整个白昼，是战斗时间最长的地方；另一处则在枕边，这里有睡前必须要看上两眼的书，伴着书中奇幻的故事入梦，睡眠的质量也提升了一个等级。最近枕边的新宠是《谁在看中国画》和《莫高窟与吴哥窟的对话》，诗和远方近在咫尺。

三、血压计和血氧仪

我长年低血压，正常人的高压可以到100mmHg，而我的高压常年维持在90mmHg。于是，我会每日定时测量血压。而血氧也是我一直关注的指标，我不吃补品，但热衷于“西医养生”，床头备上几样电子产品，时时监控自己的健康状况，应该不过分吧?

四、我爱的小音箱

我的卧室里，放置着我酝酿了大半年拿下的音箱，虽然不算昂贵，但也是我能力接受范围内可以买到的最喜欢的音箱了。另外，我还有两台可以随身携带的小音箱。让我哪怕是在出差的时候，也能随时随地被音乐所环绕。音乐对人的治愈性不可替代，涓涓细流，浸染身心。我不爱包，但真的很爱音箱。

五、特别提示

睡前不要玩手机。因为以上所有的信息可控，唯独手机是不可控的，不可控的因素，让情绪起伏跌宕。一场优质的睡眠对于建筑师来说重要性不言而喻，于是睡前，要把所有不可控的风险降到最低。所以，想好好睡觉的，就远离手机。

建筑师的必修课:

1. 建筑师对床头之物的选择慎之又慎，既要色香味俱全，又要涵盖视觉听觉声光电，当你辗转一整天之后终于卧于床上，随手拿取的必然要是心爱之物。
2. 血压计 + 血氧仪 + 小绿瓶，这是建筑师玩命工作后的“午夜救命三件套”。

078
千金难买我乐意

尽量买好的物品，因为疲惫奔波的你，值得这些。

因为建筑师这个职业经常会因投标出图而加班熬夜，睡觉便成了一件必须要正视的重要事情。我对睡眠环境要求非常高，怕光怕声音，直到最近才找到了适应不同环境的睡眠解决方案，针对光，我买了真丝眼罩，非常舒适；针对声音，我买了某国产专利隔声耳塞，二十几块钱，月抛。以上被我封为“建筑师好梦两件套”，解决了困扰我很久的睡眠场所挑剔障碍。对于建筑师来说，睡得好，才能画得好。

建筑师避免不了下工地，小风一吹，唇部开裂是常态，蜂蜜唇膏应该是我用过的最好用的唇膏，多次回购，只是，最近发现涨价两块钱。话说这款唇膏有很多种口味，最喜欢佛手柑，涂上以后，仿佛灵魂都升华了。

最近买了许多平价且好用的东西，内容包罗万象：丝柔润滑的墨汁，顺手的乒乓球拍、拯救秋日干皮的乳液、唇膏、护手霜，生姜洗发水……

这些看似普通的物件，有时候却能给自己带来很大的幸福感。

如果你喜欢什么，觉得有点贵，但咬咬牙还是买得起的时候，不要犹豫，一定要买！在这样一个繁忙而疲惫的当下，越发觉得“千金难买我乐意”是我们在建筑江湖中摸爬滚打时，能给予自己最容易获得的精神慰藉。

建筑师的必修课：

建筑师工作辛苦，劳心劳力，或是疲于奔命，或是唇枪舌剑，风吹日晒，工位坐穿，屏幕辐射一天又一天。在你的消费能力范畴内，尽量买自己喜欢的物品，因为疲惫奔波辛苦的你，值得这些。

079
规划师的下家

将知识与技术应用到最贴近广大人民群众的生活中去。

我有一个朋友，是规划专业的博士，毕业之后，干了一件大事：开直播，指导人民群众买房。用他十年的规划专业知识，在直播里苦口婆心深入浅出地讲解：每年什么时间买房？现在到底能不能入市？在哪个城市买？买哪个地段？等一系列直击心灵的王炸问题。

要是搁以前吧，我可能觉得这也太扯了，忽悠谁呢？一个做规划的，他说这些能靠谱吗？但是，通过近些年来与不同规划师近距离地密切接触，我悟了！是终于悟了！

我发现学规划的人有个特别“离谱”的专业技能，就是哪怕来到一个陌生城市，不用多时，甚至几乎一眼就能选中城市中几个房价未来会大涨的重点区域，几乎是百发百中。我都奇了怪了，他们怎么看出来的？

有一次，我开车拉着一位来自千里之外的规划师，车经过一片住宅区，也不算新了，能有个十年房龄吧，他突然云淡风轻地对我说：“这个地段房价很贵吧？”我吃惊地望着他说：“这里是房价天花板，你是怎么看出来的？”他神秘兮兮地说：“地气不一样呀！”

我人生中第一次因专业受到“歧视”，也是因为规划师。一个城市设计项目，与规划师合作，这位规划师在与我合作之前，不知道我是学建筑的（可能因为我在规划界还不够红），当我向他询问，这个“× 山 × 江”规划界限是否能突破的时候，他忽然向我投来同情的目光，对，是同情！并问我：“你不是学规划的！你是学建筑的！”

这是我第一次因为学建筑，被人识破！被人同情。咦？这语气怎么这么熟悉？这不是学建筑的我一直用来揶揄土木工程专业的吗？

再后来，有一个一直与我配合的学规划而且一直从事规划设计的小伙伴，在考过了注册规划师之后，去年又通过了一级注册建筑师的考试，连睫毛上都透着自信。据他说，他现在不只会相地，还会在宅基地上设计房子，目前已经成为他们村以及隔壁村最耀眼的钻石王老五。

建筑师的必修课：

1. 建筑师要以自己的专业为起点，将自己的专业学以致用，将知识与技术应用到最贴近广大人民群众的生活中去。
2. 建筑就应该接地气，必要时不要拘泥于建筑形式，你耕田来我织布，我挑水来你浇园，心甘情愿地当规划师的下家吧。

080 城市寻味

不喜欢吃的建筑师，不是热爱生活的建筑师。

《风味实验室》是一档非常好看的综艺节目，每期围绕着食物展开一个话题。有一期讲，你真正喜欢的食物口味往往不取决于你的出生地，而是与你的基因溯源相关，也就是“你的父亲或母亲是哪里人”。这仿佛解释了多年来我关于味蕾的疑惑，想起我矗立于武汉街头，恨不得边吃边拍着大腿感叹：哎呀呀，我的灵魂应该就是这个味儿。

看陈晓卿的访谈，他讲，任何食物，只要离开原产地，就失去了它“最珍贵”的那一部分味道。比如，所有离开重庆的小面，都不能称为真正的重庆小面。我想起我在北角一家粥铺吃过的一盘“油炸鬼”，相比之下，洋快餐里的油条，怎么说呢……一口咬下去，误以为吃的是变了形状的可颂。这哪里是油条？不是所有柱状油炸物，都能被称为油条的……

读大学的时候，班里的“火锅七侠”每周必聚，但每当选择蘸料时，都会受到来自四川、贵州、湖南同学的鄙视，因为我是蘸麻酱的……但饮食的同化，总是那么出其不意。经过大学五年的锻炼，我们班苏州籍的同学，也成功地抛弃了鸳鸯锅，吃上了“火急火燎”的重庆火锅。随着人口的迁徙，人们的口味也逐渐发生着变化。

正宗粤菜大多过于高端，但小甜点却是我最近的意外发现。我迷上了广州酒家的红蓝罐曲奇，被粤式点心深深吸引，于是展开了地毯式粤式点心的探寻之路：鸡仔饼、海苔酥、金钱酥、核桃酥、红茶酥、香葱脆宝……

我从小就只吃甜粽，雪白的粽子蘸白糖，如果再加一颗红枣，那生活就相当上档次了。上大学后，看见食堂里卖肉粽，我还在心里嘀咕，这玩意有人买吗？肉粽在我心里就是咸豆浆、肉汤圆，就是杧果荔枝蘸酱油……直到有一天，我真的吃到了一枚肉粽，美其名曰：佛跳墙粽（也可能是香菇粉丝炖猪蹄粽）！自此，我与肉粽相见恨晚，一头扎进肉粽的怀抱。当然，我还在努力突破自己，榴梿、肠粉、甜豆腐脑、猪脑花、牛骨髓……这些还是不可突破的美食禁地，不知何年何月才能挑战成功。其实肠粉挺冤的，我一个酷爱吃大馄饨又爱凉皮儿的人，竟然吃不惯广东肠粉，这不科学啊。

因为项目的原因，有一段时间我一直出入泉州市鲤城区政府，在区政府门口有一家好吃的牛肉店，我是那里的忠实饕客，店的座位不多，也没有任何“中华老字号”之类的金色牌子，老板有时脸色会有点差，但味道是佳品，价格也公道，牛排和萝卜饭，在喧闹无垠的市井给了我许多次的慰藉。在这里，你的邻座有孔武有力的大哥，有貌美如花条正盘靓的小姐姐，也有我这种远道而来的虔诚食客。夜色阑珊之下，人间烟火，活色生香。

建筑师俞挺在探索美食方面是个佼佼者。他将上海的好食写成了一本书，里面介绍了300多种上海小吃和100余家小吃店，他说，这是作为上海建筑师的个人美食记忆和历史。

可能是建筑师多年的职业习惯，我是一个热爱观察的人，不仅仅是观察建筑、观察空间，我更爱观察身边的人、观察喜欢的食物，并把这些感受不遗余力地记录下来。有时真的想不到，保持对食物的敏感，除了让肉身得到片刻满足之外，也练就了一身发现细节的好本领。

建筑师的必修课：

不喜欢吃的建筑师，不是热爱生活的建筑师。去！现在就去！去探索你所爱城市的美食，一个好的味道会带你找寻城市原本的记忆，一个好味道是大都市汪洋里那一处味蕾深处的桃花源。

第九章　起承能转合

人生就是去经历，去体验。体验是无价的，但有时体验真的痛苦。我不认同这种说法：事情过去了，回味起来就只剩下甜。苦就是苦，扎扎实实的苦，真真切切的苦。只有把苦吞下，然后依旧满怀希望地向前走，并执着地坚信，下一秒会是甜。

081
好的建筑

每次开始做设计之前，都要认真思考，我们要设计一座什么样的建筑。

最近把《圆桌派》当成下饭神剧，比起某些有意放大个人观点的激进型语言类的节目，我更喜欢《圆桌派》这种几个老友喝茶神聊的桥段。

有一期嘉宾邀请的是一位导演。恕我直言，对这位导演的印象，我还停留在20世纪90年代中国香港电影的鼎盛时期，认为他最为所长的是搞一些喜剧片。而如今见到《圆桌派》里的他，大为震惊，他是一个才华横溢，且说起电影来不卑不亢、有理有据的人。

这位导演的台风非常稳健，他用自己拍商业片赚来的钱，去投资文艺片，用他的话来说，这是用商业补给情怀。

就是这样的一个个人作品与个人理想有所差异的人，他在节目中提出了一个问题：什么是好的电影？是普罗大众认为好的电影叫好的电影？还是一群高层次的人认为好的电影才是好的电影？

这个问题提出来的同时，我马上想到衡量一个建筑是好的建筑的标准是什么：是广大群众觉得好的建筑叫好的建筑？还是一群高层次的人觉得好的建筑才算好的建筑呢？

当然，话题还可以展开讲，是在媒体中宣传多的建筑叫好的建筑？还是默默无闻，平平无奇，但在生活中服务于人们的建筑才是好的建筑？是网红打卡爆棚而实际上生意惨淡的建筑叫好的建筑？还是那些盘踞于市井车水马龙之间人头攒动的建筑才是好的建筑？

这些建筑，在我们的生活中，都有原型。

细想来，好建筑的标准，应该不是唯一的，但至少，对于实际使用它的人来说，应该要方便而舒适；建筑需要有人喜爱，最珍贵的是，能被真正使用它的人所喜爱。

不要盲目崇拜那些昙花一现的所谓精品，流量有流量的好，非主流有非主流的妙。

建筑师的必修课:

每次开始做设计之前，都要认真思考，我们要设计一座什么样的建筑？想达到一种什么样的效果？不同的目标，设计的方法不同，不强求所有建筑师都去走“经济、适用、美观”的常规化道路，设计的出发点很重要，它会指引你的设计思路与方向。

082
建筑的两面性

广泛倾听那些所谓“外行”，尤其是建筑的真正使用者的声音。

一座建筑建成后，除去尬吹式的建筑评论，人们往往对它褒贬不一。每每遇到这种状况，我都会在心里画一个问号：这些建筑在建筑师眼里是优秀的或是充满瑕疵的，但如果放在建筑史的长河中来看呢？有没有可能是另一种答案。

许多伟大的艺术作品，都有其耐人寻味的两面性。

比如塞尚。塞尚真的是非常爱画老婆的艺术家，艺术家大多自恋，疯狂迷恋各种自画像，就像伦勃朗。但塞尚就不一样了，塞尚很喜欢把自己的夫人当模特，在每一幅夫人画像中都流露出：我老婆真美，盘发美麻花辫也美，瘦也美胖也美，红衣美绿衣也美……但画中塞尚的老婆好像不那么高兴，永远表情严肃，眼神里洋溢着“怎么还没画完”的不耐烦之感。

而塞尚所归属的印象派在当时的主流艺术圈中，被定义为“一个松散的艺术社团”，他们受到官方沙龙的冷淡和奚落，他们甚至没有明确的纲领，这些在室外绘画，融合光影的作画者们，因为某种共同的信仰、经历、理念聚集在一起，共同举办属于自己画风的展览，他们甚至成立了“无名画家、雕塑家和版画家协会”。当然，就在这样“一个松散的艺术社团”里，还有这样几个人，他们是：莫奈、德加……

我在巴黎的罗丹美术馆，被罗丹的雕塑艺术所震撼，他所表现的人体，充满着激情与张力，以及肌肉感、力量感，甚至忧伤或暗淡，让我激情澎湃，内心的情感甚至很难用语言表达，高山仰止，只能膜拜。但当我第一次看到罗丹的学生——著名雕塑家布朗库西的同名作品《吻》的时候，不禁笑出声来，本应一脉相承，但他却剑走偏锋自成一派，不知道罗丹是否知晓这位学生后来对自己传世作品的演绎如此呆萌，我瞬间爱上了布朗库西。

艺术的衡量标准有些暧昧，不能定量，无法定性，你之蜜糖，也许他人之砒霜，所以不要轻易否认一件作品的艺术性，也不要轻易嘲笑他人的品位。当然，建筑作品亦如是。

建筑师的必修课:

我们在做建筑评论的时候，除了需要关注自己在专业上对其的认知，也要广泛倾听那些所谓“外行”，尤其是建筑的真正使用者的声音。建筑作品往往都有两面性，一面是专业上的精益求精，而另一面要让自己从所谓的“神坛”上走下来，以时间为轴，有时候，评价一座建筑并不需要那么多煞有介事的拗口理念，只需要日复一日，静坐其中，板凳三条，阳春面二两。

083
手上的桃花源

从现在开始，准备一支笔，准备一个本，开始吧！

收到李兴钢老师所著的三本大部头，S、M、L，三个型号，非常厚重。最小的一本《行者图语》也有新华字典那么厚，里面是李老师的旅行“画记”，他把走过的每一个地方，以图画的形式记录下来。

每个人对记忆的保存方法不一样，有的人喜欢用文字记录，有的人喜欢用影像记录，也有一些人喜欢用“图语”，殊途而同归。建筑师是“图语”的推崇者，拥有很强的驾驭图画语言的能力。用线条来记录场景空间，将时间、地点、人物、起因、经过、结果这记叙文六要素在一张画纸上一一展现出来。有些地方，只有自己懂得个中玄妙。

工具可以很简单，一个 B5 的白纸本，一支线条流畅的笔。走到哪儿，坐下来，立刻沉浸于自我的世界中，任微风拂面暴雨滂沱。“他强由他强，清风拂山冈；他横由他横，明月照大江。”用纸和笔与内心对话，自此，世界安静了下来。

我们热衷于追求不受打扰的时间与空间。比如，没有闹钟的提示音，没有信息与电话的轰炸，建筑师在忙碌的工作与生活中，很难抽离出来。画画则不一样，认真记录，将“观”与“想”通过这样的途径表达、传播；作画的过程，将一切纷扰屏蔽，仿佛此刻，万籁俱寂。

《行者图语》中有许多手绘地形图，李兴钢老师在项目前期看地的时候，很喜欢在现场就把用地现状画下来，画画不同于相机拍摄，边画可以边思考，一笔一笔间周边环境便了然于心了。为了画下鸟瞰的全局，我与他爬到房顶，烈日之下，李老师大汗淋漓，充当人力无人机。我在旁边跟着看，很受触动。但触动归触动，即便这样，也不妨碍我在房顶楼梯间找个地方纳凉扇扇子，晒伤了可就不好看了。

在这本《行者图语》中，李老师用一个春节假期的时间，手绘了钢笔画版的《富春山居图》。他把长卷分成几个章节，可以看得出，时间有限，无法一气呵成，便日复一日，以自己的节奏缱绻其中。与传统临摹的方式不同，他将自己对画作对空间的理解，在圈圈点点之间诠释在笔头之下，这是自我之画。

北宋郭熙提出著名的理论“三远”，即“高远、深远、平远”。远，既表达空间距离，又代表客体；而“高、深、平”则是主体（作画之人）用自己的手法诠释所见抑或想象的空间。动静辗转，喧闹复平，移步易景，穿插其中。外在于“形”，而画作中表达出的“神”，也许只有作者自己最清楚不过了。

于是画过，便了解于心了。

建筑师的必修课：

无论画工如何，都要勇敢地抄起家伙干起来，不动手的建筑师，不是真正的建筑师，手、眼、心缺一不可。从现在起，准备一支笔，一个白纸本，随身携带，无论是在地铁上，还是在工作中，只要想到便马上动手画起来，推敲以理，燃烧以情，将热爱沉浸在这一张张画纸之中。

084
建筑策划的睡前读物

建筑策划至使用后评估，构成了建筑师在建筑设计全过程这一连续生命体的完整闭环。

夜航的飞机上，客舱内灯光暗了下来，我打开小夜灯，开始阅读庄惟敏先生送给我的他最新的研究成果《建筑策划与后评估》，我翻开书意气风发，看着看着，竟然睡着了……每次读点儿烧脑的工具书都是这样的结局，真是“不负众望”。这是个引子，命运总是对将要发生的事，有它自己的铺垫与安排。

不久之后，我开始跟踪一个很前期很前期的项目，前期到什么程度呢？除了用地规模，什么都没有，地方相关部门想让我们起草一份任务书。作为建筑师的我，其实是不太擅长搞这些的，通常项目交到我手里的时候，可行性研究报告早就有了，我直接面对的就是规划设计条件或选址意见书，以及甲方的成品任务书要求。

这就像去买菜，把买菜清单给我，我照着买就是了，然后再根据自己的经验，把这些现成的菜品原料，烹炸得更有滋味些。但现在，让一个建筑师，自己去写买菜清单，我心说，这可真的很考验掌勺者的功力哦。

我向一直从事建筑策划的同事周工请教，我对她说："我不太懂，你们这个建筑策划……应该从何入手？我可是学建筑的啊！"结果，周工神秘兮兮地回馈了我一个眼神儿："我也是学建筑的。"她的自报家门，给了我无限动力。周工是清华大学建筑学专业毕业的，让我猛然间想起了我还有本夜航时的"睡眠读物"尘封已久。

我赶紧把"睡眠读物"挖了出来，拂去书上的灰尘，振作疲惫的精神。《建筑策划与后评估》书如其名，书中详细地介绍了前期建筑策划以及使用后评估的步骤与方法，并且列举了不同类型的建筑在建筑策划思维指导下的建筑设计方法论。那一刻，我如张无忌在山洞里得到了《九阳真经》，这不就是写任务书的绝世武功秘籍嘛，我如获至宝。

于是，一场漫长的被动式调研正式开始了。

建筑师的必修课：

建筑策划至使用后评估，构成了建筑师在建筑设计全过程这一连续生命体的完整闭环。一座建筑在设计上的所谓圆满，要看它是否拥有这一完整闭环。

085
留白

建筑设计中，我们要敢于“留白”。

中国传统艺术的语境表达特别讲究“留白”二字：中国画，有中国画的留白，墨分五色，计白当黑；书法写到了深一层，大家更关注的也不是白底黑字，而是在黑色映衬之下，白色空间构筑出的流光飞舞。

而中国传统的处世哲学，更是将“留白”演绎得淋漓尽致，凡事不要做尽，不要做绝，不急功近利，要留有余地。所要表达的言语、情感，不能全盘皆出，距离产生美。许多情愫的表达需要欲言又止，欲说还休。

建筑的空间上，让其真正产生趣味的，或者说其气韵之所在，也往往是那些留白空间。我们在商业建筑设计中有一句大家都熟知的经典口号：我们要敢于“浪费”空间。所谓“浪费”空间，即是不再只关注真金白银的得房率，而是通过对公共空间的设计，让建筑形成自己独有的动线气息。“留白”的应用，将所有刻意而为的“满”与“填充”幻化成让人驻足的“过渡空间”。

日本作家村上春树在《我的职业是小说家》里有这样一段话：

那是一个什么样的场所呢？就是个人与体系能自由地互动、稳妥地协商、找出对各自最有效的接触面的场所。换言之，就是每个人都能自由自在地舒展四肢、从容不迫地呼吸的空间，是一个远离了制度、等级、效率、欺凌这类东西的场所。简单地说，那是个温暖的临时避难所，谁都可以自由地进入、自由地离开。说来就是“个体”与“共同体”徐缓的中间地带。每个人自己决定要在其中占据什么位置。我打算姑且称之为“个体的恢复空间”。

留白，实乃以退为进，空即是色，想到这里，我茅塞顿开。

建筑师的必修课：

建筑设计中，我们要敢于“留白”。那些退让出来的空间，不需要严格地去定义其功能，以人为活动，将其填充。“留白”，是浪漫的，并充满着能量的。

086
改功能的“陷阱”

遇到“变鹿为马”的项目不要不假思索地否定它。

“我们这个项目用地虽然是商业用地，你在设计的时候，是否可以考虑这样一种形式：它既能做成办公，以后还能当公寓用，必要时，还可以改成酒店。因为办公真的太不好卖了，也不好租，你要考虑一下我们这个项目的实际问题，我们要多功能，复合化，统筹设计。”

我相信，几乎每个建筑师都收到过上述类似“诡异”的设计要求，虽然听到这些，每次的第一反应都是：一个商办用地，你非要想把它整成“类住宅”，你咋不上天？但还是心平气和地以建筑师的专业角度解释：“这个嘛……从规范上就不一样，日照问题，疏散问题，燃气问题等许多的问题，这是两套系统，你非要一个舞蹈演员来边跳舞边唱京剧，这不是逗我吗？”

还有一个项目，高层办公楼，已经盖好了，甲方说他们想招商一个国内知名教育机构，买整幢，看看能不能想想办法，把办公楼，改成符合防火规范的教室。我心想，这又是一个坑，做设计真的是一个高危职业，随时随地就有坑，有人推着你往里跳。

随着这种想法的甲方越来越多，我的脾气也修炼得日趋淡定。不过，好在各个地方上终于陆续发了文件，堵住了甲方的这些想入非非，于危难之际挽救了建筑师的一条命。

再后来又有一个项目，遇到了一个特别有想法的甲方，想盘活老工业遗迹，想利用现存的老工业厂房，改造成大学。我当时职业病就犯了，碰触到了伤心往事，心想，又开始了是不是？又是这种想改功能的，这是我这些年头疼的根源。于是，头脑一热，就一口否认了他的想法，告诉他不可能，规范上实现不了。

回来以后，冷静了，冲动是魔鬼。这个项目并不是像以前的那些甲方一样想让一个建筑既能当“甲”用又能当“乙”用，而是想保留老工业的遗迹，让这些老工业建筑真正的“活化”。于是我开始“走亲访友”翻查资料，发现业内已经有许多工业厂房改造成学校的成功案例，比如米兰理工大学设计学院，同济大学设计创意学院，内蒙古工业大学建筑学院……工业建筑的尺度，让这些改造过的建筑，在新的用途面前，焕发生机。

大意了。原来这是正经八百的城市更新项目。当“市场建筑师”太久了，面对的都是些商业逐利目的明确，并且十分具有攻击性的甲方，这次脑子短路了。

这是一次难得的机会，这不是我一直想要做的事情吗？于是，赶紧去砸叩后悔药药店的大门。

建筑师的必修课：

随着城市更新的不断推进，改变功能的建筑设计项目将会越来越多，遇到“变鹿为马”的项目不要不假思索地否定它，以专业的角度尝试思考，经过你与甲方的共同努力，会让老旧建筑焕发生机。

087
地产穿衣鄙视链

干净，轻便，好干活。

我的一个女性朋友是上海某地产公司的高管，她告诉我，在上海的地产圈子里，流传着这样一个隐形鄙视链——穿衣鄙视链。

无论参加大小汇报，会议或者活动，都可以通过穿着来形成关于“所谓职场阶级”的定性。这里所说的穿着，并不是传统意义上的是否是名牌，而是透过现象看本质，一起开会的建筑师或供方，穿衣多少，蕴藏的本质是他司的办公环境。冬日寒冷，能在“5A级”写字楼里办公的，都是“衬衫＋针织衫＋羊绒大衣”。另外，你所拥有的经济实力，也都呈现在你的穿着之上。比如，如果你平日自驾车，或者拥有专职司机的话，就对于外套和鞋子都没有额外的要求，换句话说，如果你穿了一双一看就不是那么舒适的鞋子出现在工作场合，那么，至少证明你有专车通勤。

我瞬间回忆起了我的这些年，多次穿着臃肿（因为太冷了）出现在项目汇报现场的情景，最鄙视我的往往是营销总监。虽然，当年对我白眼的营销总监因为经济问题现在已经在铁窗之内了。

我痛定思痛，研发了一套十分符合高质量建筑师人设定位的穿衣指南，可以简单总结为六个字，即：不方便，不舒适。但凡符合这六字箴言的衣物，都可以让建筑师站在“穿衣鄙视链”的顶端。

1. 一定要穿得少，无论多冷，给我忍着！不能穿羽绒服，没有羊绒大衣，就搞一套羊毛大衣披在身上，凭重量霸气外露。

2. 一定不要穿雪地靴，无论多冷，也给我忍着！丝袜浅口高跟鞋。（我马上想起了我有一双高跟鞋，鞋跟直接踩到井盖儿里的痛心遭遇。）

3. 一定要带妆。男生咋办？男生也要化啊，你没看见现在顶级彩妆都已经开始启用男性模特了吗？

想到这里，感觉自己已然走上了人生巅峰，站在了鄙视链的顶端。忽然一个电话打破了我的美梦，通知我下午两点工地开会，我本能地抓起一件长年放在办公室的羽绒服并踏着一双工地专用厚底运动鞋冲出门去，我的内心很坦然，我这老胳膊老腿儿，羊绒大衣和高跟鞋就是个累赘。

建筑师的必修课：

古罗马建筑师维特鲁威提出的建筑三要素在两千年后依旧适用。无论甲方的风评多么充满挑战性，我还是喜欢穿一些“实用、坚固、美观”的衣服。并在保暖舒爽的前提下，保留一点点自己的特色。是功能决定形式，还是形式唤起功能，在我的眼里都不重要了。我真的在办公室准备了一套汇报行头，光鞋跟儿就有七厘米。只是，五年来从未被我临幸过，被我遗忘在孤独的角落。

088
找到你的合伙人

如何找到合适的合伙人？

建筑界每年都会有个悬疑大片：今年的普利兹克奖到底花落谁家。

2020年的普利兹克奖授予了爱尔兰建筑事务所的两位合伙人：伊冯·法雷尔（Yvonne Farrell）和谢莉·麦克纳马拉（Shelley McNamara）。结果不算爆冷，我想，私下打赌的诸位，应该都赢了吧？她们真的太特别了，她们是普利兹克奖40余届历史上，第一次获得该奖的女子组合。

于是，我趁热煞有介事地总结归纳了在建筑行业合伙营业的“著名”与“非著名”事务所，常见的合作类型如下（很抱歉狭隘地以性别进行分类了）：

1. 几个老爷们合伙。合着合着，大多最后自立门户，当然也有多年合得来没有分道扬镳的。一定是特别的缘分，才可以一路走来变成了一家人……
2. 男+女合伙。这种情况通常不是合伙之后走在一起的，而是本来就眉来眼去，合伙只是让恋人关系变成坚不可摧的战略合作伙伴关系。

3. 男 + 男 + 女合伙。这种是业内黄金组合，铁三角，分工明确，志同道合，坚不可摧。

4. 女 + 女。这种，真的非常少。这不，有成功案例了。

回顾普利兹克奖2000年来那些叱咤风云的大师组合：

2001年：男 + 男。

2010年：女 + 男。

2017年：男 + 男 + 女（铁三角）。

2020年：女团的春天。

这是四十几年来，普利兹克奖在某种程度上，带给我们意外的惊喜。

我问栗小姐："你知道业内'女女组合'的建筑事务所吗？"她想了想说："建筑不知道，但景观有。"以我不太成熟的人生经验，但凡是合伙做设计，只要是还没红过脸，那真的可以算是因缘笃定情谊深厚了。每个人都是独立的个体，建筑师们更是棱角分明，爱憎溢于言表，建筑师们想要合作并不是一件容易的事，分工明确，互补填坑才是不鸡飞狗跳的日常核心。

比如，

A. 事务所的合伙人：一个跑经营，一个做设计。跑经营的对做设计的说："喝酒的事我来，报奖的事你来"。

B. 事务所的合伙人：一个职业经理人，一个做设计。职业经理人不介入设计，做设计的少介入管理。多年来，也仍旧相安无事，蓬勃发展。

C. 事务所的合伙人：你耕田来我织布，我挑水来你浇园。分工有交叉，但架不住配合得好，混合双打，一致对外。

有朋友打趣说：“这年头想要合伙做设计，剩下的一定是两口子。”这观点有点儿绝对了，我不同意。一个人成事，不容易，几个人一起成事，更是难上加难。选择合适的合伙人，是亘古不变的战略难题和技术难题。

普利兹克奖为我们开了个好头，让我们看到，无论是兄弟，还是姐妹，只要合作得够久，撑到最后不红脸的，还真能有点奔头。

建筑师的必修课：

1. 建筑师其实骨子里都不喜欢他人干扰自己的想法和设计，尽量选择非同一专业的合伙人，可以规避工作中80%的不必要矛盾。
2. 如果是同一专业的合伙人，尽量分工清晰，避免项目交叉与管理交叉。
3. 互补型合伙比近亲型合伙，能走得更远些。
4. 情绪稳定，价值观一致，是合作的前提。

089
抢滩城市设计

市场份额就在这样摇骰子一般的你退我进中，出其不意地被占领下来的。

一个新的城市设计招标上架了，项目名称起得就特别让人惶恐：××××片区城市设计国际方案征集。光看名字，就知道是一大片。业内都懂的，这次的城市设计招标，大家要冲的不单单是城市设计本身，而是后续这个片区将要启动的若干“亭台楼阁，雕栏水榭”。用句通俗的话来讲，大家奔的都是接下来这个片区的各个大型公建项目。拿下城市设计，就拿下了入场券，或者说，不仅仅是入场券，而是迪士尼乐园的快速通道通行证。

于是，各大设计公司整合资源抱团取暖，将投标纷纷加入了购物车。

果不其然，报名结束，竟然来了80多家。每当标书中带着“国际招标”字样，不言而喻，就是让你必须组联合体，联合体的诸家组合起来，必须显得很“国际化”。于是，在应标的80多家的名单之中，不仅仅看到了叱咤风云多年的老牌劲旅，当然也有五花八门的皮包境外公司闪烁其中。

海选一轮结束，六家联合体进入二轮鏖战。话说，近些年来，境外设计公司在城市设计领域摇旗呐喊逐鹿中原，很大程度上影响了城市设计市场。努力研读历年的规划文本，建筑师跟规划师比起来真的太低调了，我们每天精打细算什么得房率、空间、概念、结构、流线、立面材料、防水构造……人家规划师大笔一挥就是一座魔幻新城。那些金身已镀的境外事务所，竟然也能轻车熟路地在文本里打出"产城融合"这种接地气的标语。

城市设计拼杀完毕，内部地块开始招标。这时才是真正的群雄角逐。无奈，狼多肉少，城市设计的赢家先给这片土地定了调。于是，在内部的小地块投标时，自然占尽了优势。当然，也有例外，曾经有一个设计联合体，在拿下整片的城市设计之后，几度辗转，忽然在业内宣称，再也不染指这方土地。可见，城市设计的区域环境也是迂回曲折的。谁赢谁输，鹿死谁手，尚无定论。

建筑师的必修课：

在如此大环境的城市设计竞争之下，各家都上了王牌军团，心态要稳，文本要硬，80 多家并不可怕，无论鹿死谁手，气势上不能败下阵来。参与，勇敢地参与，地毯式参与，市场份额就在这样摇骰子一般的你退我进中，出其不意地被占领下来了。

090
学会讲一个故事

好的建筑师，都是一个说书人。

深夜苦读曹禺先生的《雷雨》，边读边感叹，曹禺先生笔走龙蛇，对人物身份的把握，剧情的跌宕安排，太令人佩服。况且，按《雷雨》的写作时间推算，曹禺先生当时仅仅二十三岁。这样的青春韶华里，何以能想象串联出如此惊心动魄的故事情节呢？

很显然，曹禺先生是一个讲故事的高手。悬念、背景、平述、转折、尾声，面面俱到。这让我想起了在罗马徒步扎哈·哈迪德的作品——罗马21世纪艺术博物馆时，也有同样的感受。入口处蜿蜒的楼梯，将人们引入一段奇幻的空间之内。所有的展品，宛若陪衬，而建筑的空间紧凑有序地将人们的脚步引导至“故事”情节之中。

这是一个关于建筑的故事，扎哈·哈迪德是讲故事的高手。作品所呈现的，是最时髦的“沉浸式”叙事空间。所有的观众、使用者，沉浸其中，作为各自的主角，在楼梯的指引之下辗转流连，此时，楼梯的功能不再只是疏散工具。建筑师兼编剧、导演、剧务、场地、灯光于一身，所有的统筹与顾盼，形成我们今天所看到的空间。

在写作中，有一个很常用的方法：“井”字格写作法。这种写作方法，据传说来源于曼陀罗写作。掰开了讲，其实也不那么玄乎，就是设置一个中心词，居于“井”字格正中，这个中心词可以是人物，也可以是故事主线；围绕中心词，九宫布格，写下与这个主线相关联的人物、事件、背景。这样就很容易构筑出一个情节丰满的故事，形成一个闭环式的梗概骨架，也就是小说的框架。

建筑设计，亦是如此。

扎哈·哈迪德的许多作品中，都有这样一个或者若干个楼梯，对空间进行切割，非线性地切割。切割即引导，引入故事的开始，引导故事的走向与发展，引出故事的结局。这便是“井”字格中的主线。一条主线，再拆分出不同的支线空间，每条支线，再通过情节的再造，空间环境的重塑，衍生出各自的“故事”。

好的建筑师，都是会讲故事的人。

有一天，杨洲对我说，曹禺先生的《雷雨》其实是真人真事，好故事都来源于生活，是有原型的。故事的原型是他刚毕业时单位里一位建筑师的家中旧事。再后来，又听科班出身的戏剧研究者讲，《雷雨》其实是借鉴了屠格涅夫的戏剧。我在脑中频繁画圈儿，但还是频频感叹曹禺先生讲故事的天赋，真是老天爷赏饭吃。

正当我陶醉于曹禺先生二十三岁如此年轻就能写出巨制《雷雨》无法自拔的时候，一个朋友忽然提醒我，《水浒传》中武松打虎，时年也才二十五而已。

建筑师的必修课：

1. 讲故事之前，我们首先要学会读故事，一座建筑，就是一个故事，去尝试体验建筑师讲故事的方式与逻辑，每个建筑师叙事的手法不同，建筑语言也不同。
2. 逐渐构筑自己讲故事（做设计）的框架体系，形成自己独有的“九宫格”，随着情节的层层递进，一个完整的故事（一座完整的建筑）便呈现于眼前了。

第十章 柳暗遇花明

那些所有的挫败感，把它留给深夜吧，不要让人知晓。翌日清晨，画好眉毛，依旧可以神采奕奕地走在人间路上。轻松上阵，执着前行。暗夜和白昼，成年之后，我们可以判若两人。

091
建筑，永远是为人服务的

只要当建筑师一天，就要生活在人群里。

在电视上看迷你美食纪录片《早餐中国》，看得心烦意乱，百爪挠心。近距离地拍摄世间早餐，各种风味的米粉、面条、包子和汤，在你面前晃，只能看，不能摸，这种诱惑谁受得了？于是索性寻个风和日丽的早晨，往菜市场走走，去寻觅那些仅仅从电视里观摩却触碰不到的烟火气。

这一逛可不得了，清晨七点，露天菜市场里人头攒动。新鲜的蔬菜，艳丽的瓜果，菜贩的叫卖声，阿姨的询价声，此起彼伏。但最令人印象深刻的，还是那一间间只在早市才营业的早餐小店，每一家都热气腾腾，其乐融融。

菜市场的魅力是任何手机生鲜送货软件都比拟不了的，真喜欢这些藏匿于街巷深处的人间烟火，如此鲜活。无论是开着玛莎拉蒂的大叔，还是提着鲜鱼推着孙子左顾右盼的阿姨，都无一例外可以在没有空调的市井小店里酣畅淋漓地迎来一日的新生。

建筑师必须要掌握的一项技能，即是：观察人，观察人的行为。研究个人与空间的限定，个人与空间的大小与分类，个人空间与环境的关系……这些在《环境行为学概论》一书中有许多学术上的阐述，推荐大家边实践边阅读。

需要通晓的几个重要的领域，包含：环境行为学、行为心理学、环境心理学。后两者，是心理学中的两个分支，是容易忽略的部分，但在建筑设计中却尤为重要，需要我们不断地进行学习与研究。有一些建筑师在求学时所修的双学位，即是建筑学与心理学专业。这组搭档已不算新鲜事，建筑学与心理学的关系，密不可分。

有理论知识的武装之后，我们需要的，即是走进人群，你要做什么类型的建筑，就要走进这幢建筑未来所服务的人群中去。唯有人，让整幢大厦活跃起来，让钢筋水泥的“古板流线”通过个体与群体的行为鲜活起来，充满生机。

建筑师的必修课：

1. 不要总想着忘我、无我、出世，逃离人群体做个“大仙儿”。只要当建筑师一天，就要入世，生活在人群里。建筑，永远是为人服务的。
2. 走进市井，去尝试那些排着队甚至需要在路边蹲着吃的小店。人群所在之处，即是人间烟火，而在人间烟火中，总是会藏匿着我们想要的重要信息。

092
乡间自有黄金屋

本土的文化是地域的麦芽。

前阵子的一次项目汇报，发生了这样一件值得玩味的小事。

建筑师汇报结束的时候，甲方A提出，设计做得真好，但咱们得节省造价，这个项目的造价要控制在××××元每平方米。我一听，做设计这些年，这都是老生常谈，每次项目伊始甲方的必弹曲目。果不其然，他又继续说道："但效果，不能打折。我上周在大阪看到一个项目……"好啦，我知道，甲方最近又去考察了。

甲方A说罢，甲方B紧接着接下话茬儿，说："我今年三月在挪威看到一个项目……"随即，打出投影，给大家展示。

我心想，好嘛，要控制预算，还要做出一会儿"大阪"一会儿"挪威"的效果，这是在逗我吗？

看他们说得不亦乐乎，我也拿出手机，投到大屏幕，给甲方们展示了前阵子看的一个房子，造价很便宜，外饰材料很普通，施工质量还可以，竟然还流露出一丝大隐隐于世的凄美。果然，甲方们露出欣喜的笑容，眼冒星星纷纷问我，这个项目在哪里？他们也要去看。

我淡定地说："在乡下，离这儿三十里地的一座山脚下。"

此处，会议室鸦雀无声，尴尬之情，洋溢于桌面之上。我甚至都可以脑补出甲方们的心理活动：这个女人……还是世面见得少哇。

其实在汇报中提起"县城建筑"的这个情景，我并不是有意而为之，我说出口之际，自己也十分惊讶。这几年来，我往乡下跑的次数越来越多。一有假期，不是想去哪儿看看山林古刹，就是想到田间走一走。

我有一个朋友是做古建筑设计的（这种通常是家族产业，设计施工一体化），他设计的一处宗祠要举行"上梁"仪式，把我羡慕得手舞足蹈，摩拳擦掌，恨不得自己也要跟着去敲锣打鼓，沾沾喜气。

据说，"上梁"仪式始于魏晋时期，传统建筑建造过程中礼仪繁复，但其中有几件"大事"，每逢之时，隆重之至。这几件"大事"便是：选址、立中柱、上梁、立门、竣工等。其中"上梁"为重中之重，上梁有如人之加冠。并且，在主梁选材方面，也十分考究。你看，主梁头戴红花，两侧垂红色丝带，甚至还挂上灯笼，在人头攒动中，锦衣披挂冉冉升起……身在其中，怎能不被这强大的气场所感染呢？

什么是传统呢？传统不仅仅是一草一木，一砖一石。传统是骨子里、思想里本来就具有的东西，你也许意识不到它的存在，但它会在适当的时候，让你知晓，你属于中华大地。

朋友们得知我特别酷爱“下乡”之后，给我介绍了一个公众号——建筑遗产保护志愿者工作营。说是既能满足我下乡的愿望，还能让我亲身参与去世界各地修修老房子。

再后来，发现南京大学的老师们已经走在前面了，他们搞了个乡村振兴工作营，建了好几个乡村振兴工作站，在中国的许多的乡村，默默行动着。华晓宁老师团队去了桐木关，震撼到我，我一直知道桐木关，传说中那是一个非常神秘的地方，是红茶的核心产区，村口有一个半封闭式门岗，通常不让外人及车辆进入。

话说桐木关，真是个好地方，这里，即是原始森林，路边的警示牌，都在提醒路人：小心大型猫科动物。我寻思了半天，什么叫大型猫科动物。想明白的时候，倒吸了一口冷气，恨不得马上喝上三碗，拿出了武松的斗志。

在桐木关定下民宿，站在阳台上呼吸最新鲜的空气，并且，我在这里意外地爱上了一种红茶——正山小种。晚餐后在村里散步，每家每户飘荡出来的正山小种的芬芳，彻底征服了我。我因为睡眠问题，平日是不喝茶的，果然环境使人改变。在桐木关，就要吃最鲜美的鱼，喝最沁人心脾的红茶。

一直以来，我对爆炸性大都市充满了眷恋，并总是告诫自己，我生在城市长在城市，我喜欢北京、纽约、巴黎、伦敦。但现在不是这样的，当你看过了城市，也走过了乡村，发现人真的可以改变自己的固有观念。

乡村的美，是在你徜徉于广阔无限的万丈红尘之后，单纯的美，它是栀子花的幽香，是心上人的回眸。辗转反侧，沁人心脾。也许，我们走过千山万水，只不过想找个自己喜欢的地方，静静地待上一会儿，院门口有摇着尾巴的大黄狗，自己坐在竹椅上，看朝露映彩衣。

建筑师的必修课：

建筑师要下乡去，可以尝试与村民们短暂生活在一起，本土的文化是地域的麦芽，青山依旧，炊烟袅袅，最自然的场地，原始的地形，当地的材料与传统建筑的施工工艺，会给你许多启示。这些都是图集中没有的东西。

093
长夜的独行者

每一个建筑师都是孤独的。

国庆节期间，我至苏州途经上海，因同济大学的李振宇老师极力向我推荐一个展览，于是在沪短暂停留四小时。我没有惊扰任何朋友，赶在撤展之前，去了上海当代艺术馆，看了“觉醒的现代性——毕业于宾夕法尼亚大学的中国第一代建筑师”展。

上海当代艺术馆整个三层，人头攒动，中学生志愿者用生涩的背诵方式，每小时轮次，给观众们讲解，作为展览的导览。这种背诵，对孩子们来说，真的很难。孩子们不明白，一百年前的这些比他们此刻大不了几岁、面目稚嫩而清秀的青年，前赴后继远渡重洋，长达半个多世纪的迂回辗转，奠定了今日建筑学教育之体系框架。我随着人流，走走停停，感慨万千。

我很是迷恋民国时期的黑白众生相，胡适的含笑不羁，张学良的轻蔑不屑，周树人的坚贞与笃定，老舍的淡然且无畏……

而展览中，童寯先生总是站在合影的后排。严肃认真，不苟言笑，时常皱眉，目光如炬。与杨廷宝先生的谈笑风生神采奕奕，形成了鲜明的对比。童寯先生是我的同乡，我对他产生了一丝好奇。

光明城的微信公众号里发布了《长夜的独行者》一文的节选，并发起预售。我下单买了一本，半个月之后，收到，拆封。拆封的那一刻，竟然有些失望，书并不厚，大多黑白印刷，薄薄的一册。

我当时并不知道，就是这薄薄的160页，让我在两个漫漫长夜里，灵魂受到了巨大触动，每一字，就像锥子一样，深深浅浅地在心中雕刻出印记。

这是一本承载岁月的书，以童寯先生为主角，记录了一个时代的起承转合。叙事采用倒序，开篇即是童寯先生在世的最后一天，从一个人生命的终点开始。

童寯先生的最后一个上午，是在整理书稿中度过的，他手上有一堆书稿，他知道自己时日无多，争分夺秒。写作之人明白改稿之艰苦，在没有助手的情况下，整理书稿是一项非常烦琐而令人疲惫的事，当然最好的方式，即是作者亲自整理，但对于一个癌症晚期风烛残年的老人来说，是多么的艰难！

童寯先生一天都没有停止过工作，他在病榻上还在修改《东南园墅》的英文稿，这本书在建筑师王澍的文字中被多次提及，并对新版《东南园墅》以“只有情趣”为题作序，可见对他影响之深远。

作者张琴的文字非常残酷，几乎没有任何形容词，仅仅是叙事，竟然可以刻画得如此残酷。在我的读书笔记中，我把这一类文学作品叫：苦难文学。《金粉世家》《城南旧事》《骆驼祥子》，还有萧红的《呼兰河传》，这些都是我内心中苦难文学的代表。作家们写苦是很见功力的，有的以苦写苦，有的以乐写苦。《长夜的独行者》写了一个建筑学家的苦，对建筑的信仰与坚持，在苦难中前行，整整一个世纪。

20岁时，风华正茂，在清华念书，喜欢美术、文学和赛艇；留学美国，学成归国，受聘于东北大学建筑系，又成为职业建筑师。

30岁时，童寯先生就拥有自己的莱卡相机，他花了五年的时间，利用周末，考察测绘109处江南园林，著下传世之作《江南园林志》。

童寯先生曾在年轻时给自己刻了一枚印章：建筑师童寯。然而去世时，他放弃建筑师职业已30余年。

童寯先生一生布衣，在癌症晚期时备受痛苦与折磨，他便要求家人朗读莎士比亚的诗缓解病痛。

感谢作者张琴，让我们能在此时，看到这样的文字，这样的故事。感谢这个时代，包容，开放，从容地直面历史。请准备好纸巾，在漫漫长夜里，静静品读吧。

建筑师的必修课：

1. 每一个建筑师都是孤独的，这种孤独也许将会笼罩你整个的职业生涯，自己沉醉在自己的那方田地里，不被理解，不被接受。但正是因为这种时而来袭、排山倒海的孤独，一个个伟大或是平庸的作品诞生了。勿要轻易评判，都不容易。
2. 幸好，在孤独中，我们抓住了建筑这棵树，在建筑的树下休憩、滋养、成长，甚至攀爬。在一个个漫漫长夜里，有了灵魂深处的慰藉。
3. 承受孤独，是每一个建筑师的必修课。

094
爬到了半山腰

要坚韧，马上就要到山顶了，坚持到底，就是胜利。

投标到后半程有点体力不支，忽然想起年初给自己定下了最基本的两项生存指标：

1. 活着。

2. 快乐地活着。

一切财富、荣誉、享乐、爱情……最终的本质都属于“2”，人们穷尽毕生的努力都在追求“2”，“2”确实很难，为了“2”我们付出了太多太多。

世界上有很多事都是可能性很小、成功率很低的，就像投标。人成长的过程，就是无数次刷新自己过去认为“这事儿肯定不可能，搁自己早就炸了”的假设，而每当这些关卡真的来临时，我们却出乎意料的坚强而平静，然后，按部就班想尽办法去攻克它，度过它。从而，完成一次又一次蜕变、重生。

但是有的时候，你想尽办法，去努力做一件事，却还是收效甚微。遇到此种境遇，不要只怪运气，非常有可能的是，方法不对。

绝对的自由其实是不存在的，我们只能追求相对的自由。自由首先需要自律，没有自律，就没有相对的自由。

我们在夜半时分，万籁俱寂，选择孤注一掷，用自己的拼搏与努力，去换取远处那闪亮的点点星火。我们已经爬到半山腰了，再加把劲儿吧，赶在天明之前，登上山顶，彼时，筋疲力尽的我们，会不会在高处相逢？

曙光熹微，再过几个小时，要交标了。

建筑师的必修课：

1. 要坚韧，也许这是上天在考验你是否真的热爱；翻越过这座山，就会遇见真正的自己。
2. 不要妄想所有人都会真诚地帮助你，人们往往更愿意选择逃避，事不关己，权衡利弊，小心翼翼。所以，要格外珍惜那些曾经无私向你伸出援手的人。
3. 越是安逸之时，越要有危机感和紧迫感，居安思危，才能在危险来临之际，游刃有余。
4. 尽可能远离给你带来负面情绪的人。
5. 记住你生命中所有美好的过往，在你穿越暗黑山林踌躇无望之时，你一定用得到。

095
天赋与努力

当一个小蜜蜂型建筑师，努力工作，认真画图。

有一次我在一家餐厅吃饭，邻座的两个人对着火锅畅饮，但彼时的兴致却完全不在火锅中，二人大呼小叫，借着酒劲好像在争论着什么。不一会儿，我好像听出点儿门道。原来，他俩在探讨：到底是天赋重要还是努力重要！越辩越凶，面红耳赤，恨不得马上要刀叉碗筷兵刃相见。

我好想把他俩拉开，语重心长告诉他们其实“天赋与努力”都不是最重要的。我的女性朋友曾经这样“点化”我：“小财靠勤，中财靠能，大财靠运。”财如此，他事亦如是。我们能做的，无非就是施人玫瑰，手有余香，但行好事，莫问前程。

“勤”其实是最基本的，大家努努力，都能做到：在设计中，当那个主动思考的人；画图时，当那个第一个动手的人；现场配合时，哪怕烈日当头，也要当那个勤跑工地的人。绝不放过任何一个成长的机会，蛛丝马迹都要打破砂锅问到底。这样的进步，是最快的。

“能”就需要一些门槛儿了，设计中遇到同样一个棘手的问题，谁的解决方法更好？谁能在最快的时间里挖出设计的“题眼”？除了前文提到的“勤”，这时候，可能就需要一些所谓的“天赋”。不要不承认个体间“天赋”的差距，有的人确实做方案做得很好，但施工图就是画不下去；也有些人，他的性格特征就真的特别适合磨炼施工图。类似于高中时的文理分科，我们每个人都有自己可能擅长的那个“点”，找到这个“点”，努力发扬它便是。

“运”就比较玄乎了。比如，若天将降大任，不一定每个人都先要苦其心志。有些事情很难用常理来解释。唯有放下世故，保持精进，广结善缘吧。

建筑师的必修课：

1. 资质平平的我们，当一个小蜜蜂型建筑师，努力工作，认真画图。
2. 掘地三尺挖掘自己能力的“高光时刻”，有没有不重要，假设它有。
3. 时刻准备着，迎接好运气。千年老二有什么，万一第一名废标了呢！

096
扪心六问

这是一个提出问题的过程，也是深入思考的过程。

你每天会问自己问题吗?

我会。

我用提问，来代替思考，并且主动地思考。

一、你的信念是什么?

这是一个长远的目标，每个人都要树立一个长远的目标，我们所有做的事都是为了这个长远的目标而努力，有了目标，你就不会偏航。

二、此刻最想得到什么?

对于长远的目标，在此，需要具体量化，小到今天，小到此刻，我们最想要完成的事。这相当于一个短期的小目标，小目标通常更加容易实现，小目标的积累，让我们一步步更接近更大的目标。

三、如何去实现它？

这是方式与途径的问题，量化成小目标之后，我们要做的就是挖掘如何能达成小目标的方法。这是一个试错的过程，勇敢地去试，不怕南墙，不怕黄河，撸起袖子加油干就是。

四、目前有哪些困难？

困难像弹簧，弹簧有点多。充分分析困难之所在，困难之成因。

五、哪些困难能战胜，哪些困难根本无解？

将困难归类，我们会发现困难大多可以分为两类，一类是纸老虎，一一攻破便是；另一类是冥顽不灵的桎梏，有些甚至无解，无解就随缘。

六、时限是多长？

当我们经过思考，付出努力之后，接下来的事，就是静静地等待，等待铁树开出花儿来。成长的过程，即是提出问题解决问题的过程。随着阅历的增长，越发清楚，自己真正的需要是什么，以及自己是一个怎样的人。当然，咱们也别拗着天性来，有些习惯终是改不了的，三岁看老，你就是你。

建筑师的必修课：

我们在做设计时，也要经常给自己设问，不要等问题真的出现了再去绞尽脑汁解决它；提出问题的过程是深入思考的过程，有些可以预见的幺蛾子，就是在这一个个“扪心自问”中，提前不攻自破了。

097
爱的能力

伟大的建筑师大多能长期保持旺盛的创作状态，因为他们大多拥有超乎寻常的爱的能力。

有姑娘私信我，她是环艺专业的，最近与给水排水男加着加着班就……加在一起了。我寻思了半晌，这两个专业交集不多呀，是怎么眉来眼去到一起的呢？我猜想，一定是在配合海绵城市的时候，配着配着……就“你泥中有我，我泥中有你”了。

有姑娘私信我，她喜欢一个男生，问我，追吗？换做十年前，我会毫不犹豫地呐喊：“还等什么，追啊！”但时至今日，我想说的是，姑娘们一定要谨记：“我就是不追人。”世界上，几乎所有的事都是有志者事竟成，通过努力，就有可能获得成功，唯独爱情。爱情是缘分，天造地设，你情我愿，强求不来。

在情感中，我属于投入型人格：喜欢一个人，就恨不得把自己全部的资源都给他。

什么？

你想拍戏？想演男一？

行，我明天就带你去见导演。

你认识导演吗？

不认识，但咱们可以努力现认识。

所以，不要简单相信甜言蜜语，糖衣炮弹。一个真正爱你的人，不仅不会打压你的梦想，他一定会帮助你去实现梦想的，尽他所能，给你所有的资源。

唯物辩证法认为，矛盾是事物发展的根本动力。不对，爱情才是。我不认为爱情的选择是随机的，我们所选择的爱人，其实在某种程度上，是另一个理想中的自己。我也不认为“互补”是幸福的秘诀，真正适合在一起的人，一定是相似的人，他很像某个时刻的你，甚至，他是一个更好的你。

所以，请你，

保持爱的能力，

伟大的建筑师保持长时间旺盛的创作状态，都是保持着爱的能力。

让自己容易欢喜，

对美丽的事物充满好奇。

建筑师的必修课：

1. 保持对美丽事物欣赏的能力，保持爱人的能力。
2. 你有多久没有深情地拥抱过？
3. 爱情，绝对是加油工作的动力，激发你创作灵感的利器。就从此刻，从现在开始，让一个人，一种爱好，一个美丽的事物，住进你的心里。

098
不间断的秘密

把你正在专注的事、修炼的技能贯穿至每一天。

经常与写作的同仁们交流，大家得出的结论出奇的一致：写作这件事，不能断，一日不写，手生；两日不写，言语乏味；三日不写，只剩下连词成句了。

对于建筑设计，也是如此。几年前我一直做住宅设计，后来设计的大方向转到综合体，再回头做住宅的时候，就有了些许别扭，规范有变，一些从前认为相对有效的设计方法，也产生了很大变化。一停手，仿佛一切重来，颇有一种“丢下去容易，拾起来难”的感觉。当然，这种设计方向上的变化，对于建筑师的工作来说，也是家常便饭。

做方案也是，我曾经有一段时间为了修炼施工图的水平，潜下心来研习施工图，但是在那一段时间里，如果偶尔接触方案创作工作的话，就感觉自己很难入手，无法同时兼顾两种思维。可能有人会说，一个合格的建筑师，不能将方案与施工图划为两种思维，这完全应该是在一个框架体系中并行的技能，并且可以随意切换。

但我不行。

我爱你，我就不能爱他。我一顿饭吃饺子，就不能边享用饺子的滋味又同时兼顾对红烧肉的垂涎。一心，难以二用。是病，得治。

我若是想保持一种状态接近“高峰”的话，只能在自己可控制的范围之内，尽量做到“不间断”。“不间断”，从最小范围做起的话，就是以天为单位，每日保持某种状态，哪怕只有十分钟。换句话说：有，就行。

做设计是，写作是，健身是，读书是，贵在坚持的平均性与常态化，而不是一次吃个饱腹，剩下一个月荒废了的突击感。

不停止，不间断。

每日打卡，为了保持某种状态，就应该生生不息。

建筑师的必修课：

坚持，不要停，每天哪怕只有十分钟，把你正在专注的事、修炼的技能贯穿至每一天。充分利用碎片时间，夹缝时间。时间会证明，这些细碎而执拗的坚持，终有一天会让你得到长足的进步，积少成多，积水成渊。

099 金盆洗手又何妨

洗尽铅华，最向往的可能只是一碗阳春面。

坊间一位大佬搞了个金盆洗手大会，就像许多武侠小说里讲的那样，邀请建筑界有头有脸的人物一起共赴一场盛宴，盛会在某个私人会所召开，至此大佬准备不再过问江湖之事。活动很隆重，气氛很武侠，参加盛会之人，推杯换盏，各怀心思。

大佬风头最劲的时候，经营着一家大型设计公司，不仅承接了该地区很大的商业住宅设计市场，同时也是一家会所的股东。在他的场子里，活跃着形形色色前来“卜卦”的人。凡是外地设计资本想要踏足该地，都要“托人求卦”，来他这里“相上一相”。上问天文，下问地理，中问人和。总之，仿佛没有大佬瞧不定的事儿。一时之间，高朋满座，盘若游龙，求签问卜，无人能出其右。

就这样一个人，金盆洗手了。

大佬金盆洗手之后并没有退休跑路，而是干了件事，开了一家私房菜。这家私房菜说是叫私房菜，其实本质是个货真价实的面馆。有专门的店长在前厅张罗，但主厨，由大佬一人担任。厨房里大小工若干，任凭大佬指挥。这家私人面馆主营一道价格不菲的龙虾面，一碗售价199元，但还是吸引了大批过去的“恩客”前来吃面。

大佬一如往昔一般悉心款待座上高朋，但唯独绝口不再提及当年江湖之事，所有恩怨情仇，往日情义都泯灭在这一碗碗199元的龙虾面中。

又过了不久，大佬的私房面馆阴差阳错成了小红书上当地美食打卡的必经之地，大佬只是痴迷煮面，不再问卜，往日旧交的往来逐渐稀少，但慕名的食客却是越来越多。经营的手工面食品种，也不再拘泥于龙虾这种让人望而却步的生猛食物，也有几十块的平价鸡鸭鹅猪牛羊面食可以享用。大佬的面馆终于火了，门口排队的客人越挤越多，但，大佬并没有开分店的打算。

终日在厨房忙活，昔日叱咤风云时大佬手上的紫檀大串早已不见踪影。从前有人说，人的一生哪怕是驰骋万里、万贯家财或是大权在握，其实，他最向往的可能只是回到他小时候的某个场景，回到那无忧无虑的B面人生。

建筑师的必修课：

建筑师的一生，可能会有很多个阶段，助理建筑师、主创建筑师、工作室主持、院长……项目做到盘古开天辟地般大型公建、轨道交通枢纽、巨无霸航站楼……我们历尽半生去努力攀爬到自己想要的高峰，但最让人向往的，其实可能只是小时候那一条常走的小街，以及随时可以吃到的街边那一碗味道熟悉的阳春面。

100 给未来的自己

生命就是一场悬疑偶像剧，女一男一就是你。

中秋节前，学院组织召开入学 20 周年同学会，通知大家开会地点是：腾讯会议。

是的，我没听错，真的是腾讯会议！

我已经在脑补一人一盅五粮液对着手机开会的情形了。

《武林外传》里也有这样一集，中秋月圆之夜，同福客栈的众人围桌而谈，共同回忆过往，大家以“如果当初能……”为开头，想象自己的命运将会如何。这是一个对不可能发生的情况进行假设的命题，用于探索人生是否有另外一种可能性。但众人最后推演出的结局，竟然还是……现在，此刻，最好。

在一所高校门口的公交站旁，与三五个女学生一起等车，那一瞬间仿佛看到了从前的自己，脸上化着淡妆，和同学们一起，满怀着憧憬与喜悦，要去考察建筑。待夜幕降临之际，走得筋疲力尽，站在路边专挑一块二每公里的出租车，只要二十块就可以回到高粱桥斜街。一晃，已经快二十年的事儿了。

如果有时光机，能让你看到未来五年，未来十年，未来二十年，未来三十年的自己，你愿意去看看吗？我不愿意，我也不敢，我不敢让那时的自己看到，我要经历怎样起承转合，颠沛流离，疲惫前行，要走多少路，才能抵达那个幸福的彼岸。

这些年来，我不断地提醒自己：

1. 要在事业上勇猛精进。

2. 充实且高质量地安排独处的时间。

3. 凡事有最好最坏的预案。

4. 尽可能地稳定情绪。

5. 学会做饭。

6. 相信自己，鼓励自己，原谅自己。

你看，第 5 条不是真的做到了嘛。

所以，信念，是要有的。

人们日常最大的恐惧往往来自于对未来的不可知，不可控，不可预见。这恰巧也是其魅力之所在。生命中的每一天，都是一个盲盒，我们要做的，只是，打开它，并享受此刻。自信点！内心大声疾呼：来啊，快活啊！

建筑师的必修课：

不要害怕下一站的不确定性，下一次投标，下一场面试，马上要开始的谈判……生命就是一场悬疑偶像剧，女一男一就是你。每天与不时出现的正派反派都有不同的对手戏。不要剧透，你可以，将建筑进行到底。

附录

一个女建筑师遇到的101件事

1. 又是周一，工作表上满满列了18件事。有人问我除了负责当下这套施工图外还能同时做方案吗？我同时还在负责一个20万平方米城市综合体的方案设计。我从画门窗大样画到今天，每一步都来之不易，所以我倍感珍惜。

2. 今晨醒来，我幡然醒悟，我不能把有限的生命浪费到无限的户型调整中，有更有意义的事情等着我去做。于是，我升级了手机的话费套餐，开始对年终设计费的尾款进行最终“追缴”。

3. 每年的2月份，我都会陷入一种严重的抑郁情绪中，不想看电影，不想说话，不想追设计费，不想画图，不想看帅哥。对！就是因为又快要考试了。

4. 几年前我曾构思过一部小说，大致内容是一个资深男建筑师与一个初级时尚女编辑的爱情故事。故事的梗概已在脑海中形成，男女主人公都有原型，在我心中，他们应该在一起至少有点儿什么。可故事就是故事，在现实生活中，他们至今也不认识。

5. 我想，故事的结局应该是这样的：资深男建筑师和时尚女编辑最终的重逢应该在机场。是让他们隔桥相望相视一笑呢？还是让他们一个进港一个出港擦肩而过呢？还是让他们深情相拥忘我狂啵儿呢？（好纠结）

6. 我跟领导质疑，为什么 ×× 院在投标时已经把该项目做到初设了，然后他们就理所当然中标了？领导说："上回你中的同一个业主的标，其实也应该是 ×× 院中标，他们只是失手了，失手了懂吗？！"我："……"我一直以为是我水平高。

7. 建筑女 + 结构男＝兵戎相见离婚收场；建筑女 + 暖通男＝人人艳羡恩恩爱爱；建筑女 + 给水排水男＝女王陛下放着我来；建筑女 + 电气男＝未知（可能不来电，身边无实例）；建筑女 + 建筑男＝殊途同归夫妻店。以上是身边那些关于拧巴建筑女的爱情故事。

8. 小男生跟我抱怨，为什么总是做输红线、画剖面、填色之类的工作。哎，知道吗？姐姐我在厨房也是从削土豆皮的摘菜小工万年打杂干起的。

9. 一个雨天的早晨，我站在伦敦圣保罗大教堂的台阶上，刚要进去，发现门口立了一个牌子：门票 14.5 镑。思前想后，我竟然觉得太贵没进去。在此后的几百天里，每每想到此事，都懊悔不已。当我在巨幕前看到 007 站在房顶鸟瞰圣保罗大教堂之后，我果断于第二天拿起电话追设计费尾款。

10. 我的前专业负责人现在已经是某公司总建筑师了。一日他问我："××× 来我们公司应聘，她以前在你那儿实习时表现怎么样？"我迟疑了一下："一般吧。"前专业负责人心领神会："懂了！"后来我稍稍有些后悔，也许她因为我这句"一般吧"失去了一份工作。

11. 大年初六的晚上，团队里一个成员打电话给我拜年，并告知我明天及以后所有的明天他都不会出现在办公室了。同时感谢我一年来对他的循循善诱谆谆教诲，他说他将受益终身。在我被捧得快要忘乎所以的同时，隐约感觉到，让他受益终身的可能是我。

12. 昨夜做梦，在一个环境十分高雅的地方吃饭。就点一道菜：红烧罗非鱼。梦里这鱼这个贵啊，吃得我这个心疼，越吃越心疼，越吃越心疼，然后就心疼醒了……好家伙，吃饭的地方就是流水别墅！

13. 我的一天是这样开始的，从进办公室门到座位上短短的 20 多米路，要说很多话：A 你把昨天改的四个户型全部打出来；B 你打电话问审查所审查合格书编号有没有下来；C 你把 ×× 项目总平面图和指标打出来给我看；D 你去会议室布置好投影仪 11 点业主要到；全体 10 分钟后会议室开会……充满紧迫感的一天开始了。

14. 可算把手边的工程完成得差不多了，专心投入新的项目，自打决定去看地，第一天阴天，第二天下雨，第三天下雨，第四天，天降大雾！

15. 我曾经有个很糟糕的毛病，算技术经济指标永远算错。为此没少被领导骂，我花了很长时间战胜自己的弱点。后来做了大厨掌勺后，算指标转给二厨、帮厨来做，我对算指标异常严厉苛刻。如果业主问我，零售商铺面积多少？我告诉他3万平方米，过了好几天，我又告诉他，刚算错了，其实是1.5万平方米……这个样子谁还敢找你做设计。

16. 很久很久以前，我如果三天不带手机，也不会有人找我急得团团转。但是今天上午，我没带手机，甲方们急得火烧眉毛，到处找我，就差报警了。霎时发觉，咱也是有人惦记的，嘿，还好几个一起惦记。

17. 我就知道！只要是我捧本注册建筑师考试的书在床上看，身体的夹角就会从90°，渐渐变为120°，再渐渐变为150°，最终以“180°+闭眼”结束。全套动作仅仅历时1个小时。

18. 甲方问：“罗工，有没有一种能推拉的防火门？”我大义凛然地告诉他：“没有！”人家门都往疏散方向开，推拉怎么疏散？（我没见过的东西通常认为是不存在的），强势的振振有词的一番解析之后，甲方满意地挂了电话。我开始“百度一下”，原来世界上真的有推拉式防火门这种东西。

19. YY 跟我抱怨她公司有个人经常跟她提当初她毕业时学校没有通过评估，拿工学学位这事。听到此处，我们两个都义愤填膺、掀桌而起、振臂高呼：“你拿我说事可以，不要拿我们学校说事！”就像电影《大腕》里说的那样：“你骂我可以，但你不能骂我大爷！我最恨别人骂我大爷！”

20. 夜深人静和 YY 在中大院里溜达，我看到了个耳熟能详的名字：QQ 工作室。我跟 YY 说：“QQ 是李老师的同学。”YY 说：“他是我乙方！”我又说：“QQ 也是王大师的同学。”YY 说：“他是我乙方！”在 YY 的字典里，人可以分为两类：乙方和非乙方。

21. YY 跟我感叹，现在 ×× 学校的研究生若本科是外校念的很受歧视。就像其他河里大闸蟹在阳澄湖过下水就算正宗的阳澄湖大闸蟹了吗？说到这里的时候，我们两个正巧路过这儿，我指着“×× 大学附属幼儿园”的牌子说：“这里出来的一定是正宗阳澄湖的，根红苗正。”

22. 回忆我的第一份工作：当年的所长已经成了集团总经理，当年的项目负责人已经成了设计院院长，当年指导我画图的专业负责人们已经是各个建筑设计公司总建筑师，当年画楼梯大样的罗小姐已经吃到了正宗的咸水鸭。

23. 教师节我给一个特殊的人发了一条信息：“CC，节日快乐！”他现在已是某设计院的院长，我已经开始主持项目。但他是从输总图坐标开始教我画图的那个人——他就是我第一套施工图的建筑专业负责人。教师节，别忘了那个带你入行的小师傅。

24. 难得可以有机会边听歌，边悠闲地画地下室。耳机里循环着江美琪的一首首淡淡心灵鸡汤式的音乐，俨然觉得自己升华成了一个秀外慧中、蕙质兰心的姑娘。让那个为了抢项目拍桌子跟人吵架，为了解决棘手问题一人单挑 16 个甲方，为了少一根柱子、为了立面通风百叶更隐蔽跟各专业过招的女战士随风远去吧！

25. YY 跟我说，她当甲方有一招必杀技，项目进程中无论是谁跟她对接，稍觉被怠慢，就直接打电话跟他们院长告状。这招屡试不爽，各项目经理们配合得战战兢兢。我默默回想起，我曾经对甲方一个报建主管极其不满，打电话给甲方领导，让他们换一个报建主管再放马过来。

26. 举例说明，什么是“斯德哥尔摩症候群”，比如一个刚入行的建筑学小姑娘，在连续加班工作一年后，奇迹般地爱上了所长，就是典型的斯德哥尔摩症候群。官方说法：这是人质情结或人质综合征，是指犯罪的被害者对于犯罪者产生情感，甚至反过来帮助犯罪者的一种情结。

27. 斥资购置春夏装若干，过去常买黑白蓝灰，为了让自己看起来更像个建筑师，今年的正装彻底调整为黑黑黑黑，作为服务行业，卖相很重要，让甲方信任你，就不能穿得像个花姑娘，模糊性别，气场才能服众。其实黑衣红唇也是可以小性感的。

28. 按照顶配贵妇的衣着标准，兴高采烈地去参加项目答疑会，并且个人觉得今天的黑丝风衣造型不错，可是……我今天遭遇了一个顶配西装三件套的长发男。喱，这家伙笔记本电脑正面能手写，翻开能打字；手机屏幕大到无法直视；激光笔颜色一会儿绿一会儿红；还有一头飘逸的长发……好吧！我今天完败！

29. 整理旧图纸，我竟然在某一年冬天，独立绘制了一个十几万平方米的住宅小区的所有方案图纸，并且在1个月内，颠覆性修改了10次，每次都全部重画。历次汇报的文本，都被甲方设计总监重重地摔在地上，说："画成这样也敢拿来看！"后来，甲方项目经理因无法忍受他们的设计总监，辞职并和我成为朋友。

30. 近期指导一个新毕业生做一个概念方案，我仿佛比他还激动，长期委身于甲方的实际项目做久了，这种纯概念天马行空的项目真的有意思，我仿佛跟着项目一起回到了激情燃烧的学生时代。看小男生貌似没什么反应，不由得着急了起来……

31. 被抓去开个会，看图看了10分钟，才发现这是我去年中的一个标，投完项目就下流水线了，施工图要出图了。不禁感叹，这一年来，项目后期到底经历了怎样复杂的跌宕暗战，才会改得连我都差点儿认不出来。

32. 回想起我刚出道时，所长亲切地对我说："小罗，你这个月的任务就是把这项目的门窗表数了。"所长当时是把我当宠物养呢，他光辉而伟岸的身躯后面立刻飞起一群鸽子。

33. 为了缓解周一综合征，做了蜂蜜面膜，泡了黄浦江式的澡，眼看自己肉体和灵魂几近死猪时，想到了下周三有个项目要汇报，现在连总图还没有呢，下周末要出个 12 万平方米住宅的文本，下周酒店设计修改不容拖延，下周那个天马行空的概念方案小男生要是搞不定……死猪们纷纷复活争先恐后跳出了黄浦江。

34. 甲方来电感叹："好后悔前日与酒店管理公司沟通的时候，没有带上你，搞得我们很被动。"我谦虚道："哪里哪里，下次一起就是了。"其实真正的内心戏是，当双方谈判僵持不下的时候，我跳上讨论桌来段肚皮舞调节一下气氛。

35. 今天我很八卦地追问团队里的一个姑娘是如何搞起办公室恋情的，她说："去年那个 30 万平方米的综合体，我画裙房，他画地下室。"就这样，裙房和地下室相爱了。

36. 年轻的时候，我们都会遇到好多所谓的"机会"，有的是因为我们先天不努力，有的是因为人们往往不愿意给予我们机会，于是我们跟许多愿望中的事情失之交臂。仿佛是被命运的车轮推着走，滚滚向前。所幸的是，我们依旧年轻，现在和未来仍旧有许多契机，把握当下，完善自我，才会拥有更光明的未来。

37. 周五下班前，招呼不打一声准时踩点儿撤退的；每天上班的头十分钟，不干正事习惯性浏览网页的；被安排任务后，不懂也生挺死活不问的；上班戴着耳机，喊一百次都听不见的……你凭什么质问为什么别人的工资比你多一倍。

38. 有人问，高颐阙到底是什么？这么说吧，在我这里《中国建筑史》中高颐阙的价值，相当于《外国建筑史》中的雅典卫城。如果没见过高颐阙本尊，可以说建筑学专业白学了。而我就是那个白学了的人。

39. 我近日来一直忧伤的原因之一是，今年除了一个五星级酒店以外，我负责的项目都是在荒郊野岭、月黑风高、犹如聂小倩宁采臣约会的不毛之地设计三层小楼。转念一想，李晓东老师平和桥上书屋项目的选址不也是走倩女幽魂路线吗？一想到这里，荒郊野岭变得格外香艳起来。

40. 我们考注册建筑师是为了给5年（有的是10年）建筑学业一个交代！我们为了给无数个加班的日夜一个祭奠和慰藉！我们为了去掉图纸上永远挂在我们名字前面的路人甲！我们为了有一天真的成为“执业”而不仅仅是“职业”的建筑师！

41. 注册建筑师的考场外：带着嗷嗷待哺的婴儿来参加考试，只为了不因此断奶的建筑师新妈妈；从大学就在一起，10 年茫茫走入婚姻，考试路上风雨相伴的建筑师夫妻档；遭遇前男友跟自己同一考场，导致 6 小时作图题画得魂不守舍的隐忍的姑娘；8 年轮回后两鬓斑白依旧有勇气再战考场的久经考验的老战士……

42. 我工作上的最佳搭档BB跟我交流注册建筑师备考经验，BB 说：“我这个月一直坚持吃鱼，一天一条，记忆力明显好很多。”我跟 BB 说：“我这星期一直坚持吃猪蹄，一天啃一只，手壮，作图题好过。”注册建筑师考试的路上我们真的很虔诚。

43. 第一次当专业负责人时，常年作方案的姑娘对专业配合一窍不通，这个时候，一个暖通男出现了，从最基础的空调形式开始给我讲起，水冷、风冷、VRV、VAV，并从建筑平面的角度出发，帮我布置好各个机房及井的位置，帮我度过瓶颈。后来，我才知道这个暖男是传说中最好配合的暖通男。

44. 我妈单位同事的女婿，是个大型设计院的暖通男。丈母娘对暖通男非常满意，煮饭炒菜、洗衣服、修电器等高端家务样样精通，据丈母娘说，该暖通男还有个特长，家里如果没钱了或想填个大件儿，暖通男下班多画点图就挣出来了。

45. 一级注册建筑师考试的考场有时会安排在偏僻荒山野岭的大中专学校，方圆一公里没有酒店，学校里会有犹如《山楂树之恋》里的招待所，打电话过去会有一位中年妇女恶狠狠地告诉你："30元一个床位！"转念一想，《山楂树之恋》已经不错了，给你安排在《白鹿原》或《红高粱》那种考场，你不也得乖乖去吗？

46. 你每天都想着一个人，你明明就讨厌他，可是又偏偏想要见到他，你见到他整个人的神经都绷紧了，可是你要听见他和别人在一起，心里就有说不出的难受，他说你很烦的时候，你就很想哭，你不知道这是怎么了。这还用问？他一定是拖欠你设计费了。

47. 我们班唯一的地产男高管小强某天很无奈道："我真的被设计院的结构男气死了。他竟然在五星级酒店的客房中间拉了道主梁。我把图发给你，你帮我解决解决。"打开图后，哇，床正上方，斜拉900mm梁一道。世界上的甲方千万种，而结构男只有一种，且回回都是大手笔。

48. 曾经有个结构男给我修了一下午计算机，一年后，他成为一名一级注册结构师；曾经还有个结构男给我修了一下午计算机，现在，他已经是高级工程师了。疑问如下：每天修计算机跟成为一名优秀的结构男有无必然联系？（虽然我打心眼儿里一直与结构男保持敌对状态。）

49. 设计院最大的特点是，一到周五，一周最忙的时候就到了，尤其到下班前一小时，忙碌指数达到峰值，并将稳健持续到未来两天。

50. 成年人的感情是智慧与勇气的相互博弈，我们谨慎地试探、猜疑，小心翼翼地拿捏着我与你之间的情意。伯仲之间揣测着彼此内心的小情绪，不患得患失，也绝非置之不理，这场棋局我正兴致盎然，假装不在意，实际却挣扎在心里。你一天不到账，我一天不给图，就这样！

51. 从业第一个项目是派出所，我为此走了很多派出所“假装报案”；后来设计住宅，跟不同男同事伪装夫妻地毯式扫楼盘；第一次设计五星级酒店，我花了半个月薪水心疼不已愣是睡了两天；第一次做商业综合体，大小购物中心和办公 SOHO“巨无霸”走了 17 个才下笔画平面图。我没有任何经验，全靠用心去看。

52. 注册建筑师考试期间，接到甲方一个项目经理的电话，心中不悦，还没等他开口，我抢先道：“这几天我在考试，图纸什么也调整不了，公司主力都不在，别人也调整不了，什么事等我回去再说！”项目经理幽幽地说：“老板让我跟你说，这一笔可以开发票了。”哎呀讨厌，有空常来哦。

53. 最后一天下午的 6 小时是铁人九项中唯一一门考场平均年龄 35 岁 + 的科目。第一题，只要是在设计院当过最底层摘菜小工的，就没问题；第三、四题：只要是与结构设备专业常年在冰与火的情欲中挣扎徘徊过的，也都没问题；第二题，看了一眼题目，我眼一闭……第二题，你懂的。

54. 考试考得心情很不好，但走出考场大门，看见人潮人海中：头上缠着纱布来考试的悲壮男士，脚上打着石膏拄着双拐的坚强圣斗士，蹲在马路牙子上吃盒饭等待下一场考试的男青年；手里拿着图板幽幽地钻进轿车的大叔……试问国内哪个考试的场面能如此的励志而销魂。

55. 每年的母亲节，都是注册建筑师考试进入魔鬼赛程的第一天，3.5 小时 +6 小时 +6 小时，三大作图。散场后，微信群里：今天我生理期第二天，考了一个半小时就坚持不住了；今天我考完出来发现车子被贴罚单了，然后我抬头放眼望去，路边这浩浩荡荡上百辆车都贴单了……原来我们不是一个人在战斗。

56. 第一次述标前，做了一个月的项目竟然完全紧张得不知从何说起，于是前一天晚上洋洋洒洒写了 4 页稿纸，第二天照着念；遇到强势的策划营销部门，他们会瞬间把你的整个思路当作外行来残忍批判，把你挤对得哑口无言；想成为一名出色的建筑师，首先要成为一个优秀的公关，这是我们赖以生存的基本技能。

57. 请别忘记，上司的时间比你的宝贵，当他给你一项工作任务时，这项工作比你手头的工作更加重要。如果你想获得认可，就一定要记住，处理临时性的工作是你表现的最好机会。

58. 5 月 20 日，注定是忙碌的开始：综合体扩初出图后根据最新修改调整效果图；某规划设计折腾了好几个月这周要出最终文本；为了设计福利院假装家属身份流窜于护士站与老人房之间；上回跟踪一个月的项目竟然要公开招标了……人生中总会偶遇困境，“520”这一天我们坚决不要放弃。

59. 又是一年毕业季，PPT 是新员工入职时十分重要的一项考核技能，它可以从一个侧面反映一个新人综合的创造能力和统筹能力。不会 PPT，或是仅会在里面打个字插个图片的，不能要！

60. 一个建筑设计公司，无论大小，两件大事：靠谱的项目和设计费的到账率。回想起某建筑界大鳄谈到他们集团虽然合同额相当可观，而到账率还是稳定在 50%。业内在追设计费这一“体育赛事”上更是各显神通，晓之以理动之以情，影帝般出奇制胜。

61. 任何的感情在相互僵持中，都会逐渐淹没、消磨彼此的意志，我们互相试探的战线拉得太长，以至于连最初令人想入非非的小心跳都淹没在逐渐消失的电话和信息里。“他跟我催图，我跟他催设计费”这件事，貌似已经成了解决不了的死循环。最后大限将至，新的战斗即将打响！

62. 北京闷热的夏天，我躺在学校宿舍的床上想着：我什么时候能睡上有空调的房间？挤公交车被偷了钱包，难过地问自己：我什么时候能有自己的车呢？大四那年考察酒店，我坐在饭店的大堂晃着腿：我什么时候能住上五星级酒店？我没有什么鸿鹄之志，我每天努力地向前跑，就是为了让碎碎念有一天成为现实。

63. 每次在机场地下室停车，脑海里就一个念头，就一个地下室，就排个1000多辆车，500万设计费，当初竟然让别人给中了。

64. 男人有四种：只说不做、只做不说、不说不做、能说会做。如果真心为了自己心爱的姑娘，不要写歌咒骂她的领导，不要写歌咒骂她甲方，更不要写歌咒骂她兢兢业业起早贪黑的青春战场。真要是个爷们，给她开个设计院。

65. 学习建筑史的用处就是，无论你做什么，在毕业后的数十年里，你的脚步会遍布碛口、永定、蓟县、应县、雅典、罗马、威尼斯、巴黎、昌迪加尔……吃着油泼面、啃着窝头、咬着比萨、自带着老干妈……用一生的时间奔赴这书中的一个个巧夺天工而去。

66. 每到下班时分，单位电梯里挤满了拖鞋男，他们背着器形不正的男款单肩包，穿着洗得发白的衬衫，头发蓬乱，目光呆滞，短裤下可以清晰地看见根根腿毛，他们中零星夹杂着注册结构师、注册设备师。他们之所以如此状态，第一，他们真的太忙了；第二，他们在设计院美给谁看？

67. 很简单的 CAD 命令，如何更便捷地做块，我曾经问过好几个人，支支吾吾都不爱告诉我，我很感谢最终告诉我的那个人。我不会算日照，也没有人肯教我，后来我坐在规划局跟着算日照的小姑娘上了两天班，最终学会了天正日照的各种官方算法。我深知学一点点知识有多么困难，但我还是非常乐意分享给他人。

68. 我们都曾经这样：同一个项目改上二三十遍还在改；看图看到同一个错误错了无数次还能画错，怒到想骂街；接同一个甲方的电话保持在线从早 8 点到晚 12 点，笑容僵硬到想关机，夜半三更站在十字路口只看到路灯和自己，撒腿狂奔。我们走过的每一天都是为了更好的日子，更好的自己。

69. 回想起来，幸好我从未相过亲。我实在不知道，当对面坐着一个卖保险的、政府公务员、IT 男、卖内衣的小老板、仓库保管员、银行理财男、高中物理老师、淘宝手机店主、兽医……该聊些啥？确切地说，我不知道面对一个非建筑师，会有什么话题。

70. 曾经有一位女同行，很得意地跟我炫耀：“哎呀，我老公现在在他们单位已经不画图了。”她的意思是说，他已经做到某设计院的管理层。而我当时的第一反应则不小心脱口而出：“他……是搞后勤了吗？”因为在我的正常思维里，一个建筑师哪怕到了 80 岁也不敢自称不画图了。

71. 我的开门女弟子终于恋爱了，办公室恋情。每天俩人一起上班，一起下班，中午一起吃饭，晚上一起回宿舍。为了巩固恋情，我准备带他俩一起做一套施工图。（我能做的只有这么多。）

72. 建筑学出身的女生有两个好归宿：教书和当甲方。有的人一毕业就修成正果，有的人干了 20 年才得道成仙。还有一些女建筑师数十年如一日孤注一掷在建筑设计这条道上跑到黑，后来，她们成了“妹岛女神”或“审图奶奶”。

73. 近日在各路高校各种明争暗战的招生噱头中，回想起有同学问在三流大学念书到底要不要考研？名校出身到底重不重要？名校毕业是不是真的可以改变命运呢？……当然可以改变命运啊！

74. 新人画了一个很差的总平面图，我小心翼翼非常不舍地把自己过去的经典案例当示范，给新人做参考，新人说：“我觉得……就应该……我认为吧……”她是在说梦话吗？妹妹的逆反也许对中年大叔很好使，对我真的不大管用。

75. 30 岁了，还是会因为电影里的一句台词辗转反侧激动不已；30 岁了，还是喜欢吹空调盖棉被，在床上铿锵有声地吃东西；30 岁了，还是时常惦记着路边摊；30 岁了，还是最喜欢听那些 20 世纪 90 年代末唱到烂的港台歌曲；30 岁了，还是时常午夜梦回在期末赶图的专业教室里。

76. 毕业画了三年施工图后，我去面试了一家国内知名地产公司。设计部经理一面我很顺利，因为我能说会道。二面遭遇了一个技术型负责人，考了我三个问题：①一块商住用地容积率 4.7，应该盖多少层？②超市的层高通常是多少？③ 30 层住宅公摊最小能做到多少平方米，并默画一个 30 层两梯六户平面图。我告诉他不知道……（我想我还得再练练。）

77. 那年我也投了另一个民企地产巨头，应聘项目建筑师，面试顺利催我尽快上岗，而我那时有点想继续做设计，婉拒了。次年，我接到该集团人力资源的电话，要我去做设计部经理，而我当时做方案做得正嗨，又婉拒。第三年，我又神奇般地接到人力资源的电话，这次力邀我出任副总建筑师。我至今也没弄懂，为何不上班连升三级。

78. 当施工图的专业负责人时，从早上 9 点开始，A 塔楼的结构小弟跟我吵，B 塔楼的结构小弟跟我吵，结构负责人再出山跟我吵，刚刚摆平，裙房的给水排水姐姐跟我吵，暖通男也不甘寂寞凑热闹加入口水战。整个施工图的绘制过程就是建筑坐在座位上，各专业把你团团围住，吵作一团。下午 6 点吵架结束，大家分头开始画图。

79. 三年前第一个城市综合体汇报，参加会议的乙方——我一个人；

甲方——设计部、策划部、营销部加起来16个人。没有人生下来就能舌战群儒，那天我早晨五点半起床，站在阳台对着鱼缸汇报了两个小时。

80. 有一个小型办公项目，报批在即，很多原始数据都不全，跟业主说，业主怠慢，不爱搭理我，就连要个场地准确的竖向市政资料，地勘也不爱搭理我。换作以往常做的商业项目，我的任何需求，甲方第一时间无条件全权配合。用甲方老板的话说："罗工的话必须马上落实，我们拍这块地贷款每天的利息就40多万元。"

81. 是的，我们绝大多数的建筑师没有车补、餐补、妆补、下午茶补、游泳健身补，出门我们住如家，没有打过高尔夫，出差永远是经济舱的早班飞机，天天对着CAD。但我们用仅有的力量最大限度去爱、去看、去体验、去生活……我们热爱头顶的蓝天脚下的土地，哪怕是封顶后超高层的毛坯。

82. 有个"老朋友"，每次投标正面交锋，最终都只剩下我们两家终极较量，这些年胜败参半。一次我们的项目在规划局上方案评审会，恰轮到对方总建筑师当评审专家，参评的正是投标时他们惜败的项目，他竟忘情地拿手机对着投影拍起照来。感谢最强劲的对手一路相伴，在风雨飘摇中见证彼此的成长。

83. 短时间内判断建筑专业实习生素质的基本方法：①协助主管建筑

师完成某平面图绘制，通过测面积、核算指标、单线成图等工作（检验是否有严谨的制图能力）；②给一张总平面图，让他自己设计立面并建模（检验造型能力及基本软件的应用）；③通过各种小细节观察对待工作的态度，是否具备初级的执业精神。

84. 从前，我有一个师姐，她每学期都会用掉一本 A4 的速写本，画满了这一学期她觉得有意义的建筑灵感小图。她向我展示的时候按年代排序，2001 年、2002 年、……为了追随她神圣的脚步，我于 2004 年也准备了个速写本，一学期的时间，我也写满了。除了第一页煞有介事地画了个十字拱之外，竟写了一整本肉麻的人间故事。

85. 听说一个小故事，前辈建筑师们当年没有计算机，画总图时，建筑角点坐标只能通过人力手工定位，然后，就有教学楼放样后直接落到操场上这种情况发生了。

86. 我刚躺在床上，闭起眼睛，涌现了一个年代很久远的画面。我骑着自行车，从我们学校西门一路向北，途径学院南路、北三环西路、北四环西路、成府路，进清华东门，沿中轴线直走右拐，进设计院大门，保安微笑，左手电梯上 2 楼，左手第一间我实习的房间，洗杯子倒水，坐下，开机。多年光景弹指一挥间。

87. 我昨天发飙一次，源于个别人在我特别提醒 18 点左右会有他正在参与的项目建筑、景观碰头会的情况下，下班时间一到招呼不打自己撤退了。无论你从事什么行业，无论你此刻职位高低，你的职业生涯走向往往不是取决于你的专业水平，而是取决于你是否有端正的态度和最基本的执业精神。

88. 夜行，经过我设计的第一个城市综合体，夜色中隐约可见AB塔楼主体结构已经到8层，心中一阵惊喜，前几天，甲方跟我确认石材表面的凹缝尺寸及磨砂形式，我说："上墙吧。"想我这个项目从投标到施工图审查合格，历时8个月，几次起承转合，个中滋味，酸甜苦辣，惊心动魄。世间有的路，即使很艰难，也要一直走下去。

89. 非常喜欢一个人吃饭，去固定的餐厅，坐固定的位置，并且根本不用在意：点的菜对方喜不喜欢吃呀，自己吃相美不美呀，口红有没有沾杯呀，还要昧着良心表达自己胃口不好来盘清炒苦瓜就行了……这里每个服务员都认识你，然后你可以忘情地啃着肘子度过了一个怡然销魂的夜晚。

90. 我有个很好玩儿的师弟，毕业后不干建筑行业了，自己创业。经常在微信里发要不要一起创业的小广告。上个月问我，要不要一起去种菜？今天发的海报是：要不要一起养鸡？（什么？养鸡？）

91. 我的好朋友晴颖是无锡人。我总共认识三位无锡人：晴颖，南京大学的华晓宁老师，同济大学的章明老师。他们三位都有个共同的特点：就是超级温柔，细声细语的，满载着无锡菜的甜腻。

92. 觅食，发现一个姑娘蹲在我的车旁，一边打电话一边失声痛哭，不是默默流泪那种，是痛哭。我一时不知所措，只是暗自心想：我若是霸道总裁，一定一把拉住姑娘带她去好吃好喝、坐旋转木马。万丈红尘摸爬滚打过，我懂得那种痛哭的无助与难过。

93. 朋友圈的点赞功能真的很玄妙，有乙方给甲方点赞、有正在加班的给正在旅行的点赞，有老板给员工点赞，也有同行间互相打气的点赞……还有一种赞，写完评论，重写，又删掉，再重写，再删掉，千言万语最后汇成了一个赞；还有一种赞，最终并没有点下去，只是怔怔地望着手机，默默地祝福而已。

94. 收到华晓宁老师寄来的小诗集《初心集》，华老师说诗社的大部分成员毕业于东南大学建筑系，诗集中，全部人使用笔名。纵观全国建筑系的分支派系，东南大学的男人还真是比较浪漫……

95. 写作时，若涉及人物及故事，也往往喜欢将几个人的故事杂糅成一个人，或是将一个人的特质分摊给几个人。其实每个人都有阴暗面，我们有意识地将笔下的人物写成理想的人，就像希望每个故事都有一个美好的结局一样，写作是出口，是对现实交往中芸芸众生的无限期待。

96. 很多年后，我非常理解设计公司的项目管理者在分配任务时的“专一性”，也就是这个人最擅长什么就用它做什么，事半功倍，无可厚非。但对建筑师的个人成长杀伤力极大，一个建筑师必须经历项目的全过程才能“登东山而小鲁”。没有什么捷径，必须经历。但不是每个人都有机会经历，如遇到，一定要倍加珍惜。

97. 我学生时代的女神程老师对我说：建筑圈没有女神，只有男神和婶儿。

98. 发现很好的一套书，2014年出版的《林徽因集》。分为“诗歌、散文”“小说、戏剧、翻译、书信”和“建筑、美术”三卷。想起张幼仪这样评价林徽因：“徐志摩的女朋友是另一位思想更复杂，长相更漂亮，双脚完全自由的女士。”林徽因小姐最为可贵之处，就是她那完全独立而自由的灵魂。

99. 人与人的相遇真是造物者最好的安排：有的人在你的生命中出现一集就领盒饭了，有的坚持十集也会转身离去；有的人你拼命想抓住，却还是从你的指缝中溜走，有的人就静静地站在你身后，只要你一句话，不离不弃；有的人相识几十载，遇事即躲避，有的人萍水相逢，拔刀相助为你遮风雨。

100. 我总是会想起，那些在晦暗时刻曾经给予我帮助的人们。哪怕，这些许小事也许对于他们来说，仅仅是举手之劳。我会永远记得，他们曾经愿意为我轻轻抬起的手，有时，甚至不仅仅是抬起的手，而是那一刻真心而用力地拥抱。

101. 看着自己的头发一点点的变白，心里嘀咕着：你怕满头白发吗？那是你用时光和岁月来铭刻不悔人生呀！所以呢，不怕。